"欧化"是民国家具最显著的特点。虽然中国家具的欧化之风在清代中期就开始了，但民国家具有的直接模仿西洋家具的式样或装饰风格，出现了片床、沙发、梳妆台、挂衣柜、牌桌等新式家具，丰富了家具的品种，改变了明清家具以床榻、几案、箱柜、椅凳为主的模式。

民国家具融合中西家具式样，使用方便，贴近人们的生活，很快就流行了起来，从而改变了中国传统家具风格的走向，影响深远。

香红木撬脚牙供桌（民国）

榉木床头柜（民国）

红木单靠椅（民国）

U0273665

室与书斋，也需要高档次的家具，因此出现了各种与建筑空间相适应的桌案类、凳椅类、床榻类、柜架类、小器件与陈设用品等家具。

以上这些社会因素促使明式家具达到了中国传统家具发展的鼎盛时期。明式家具以以简练、浑厚的造型、精巧的做工和典雅的风格，在世界家具发展史上独树一帜，占有重要的地位。

清式家具是在康熙十九年（1680）以后出现的，此前清代制作的家具为明式家具。清式家具是中国传统家具的最后一个繁荣时期。从清朝的中期兴起，清式家具形成了广式、苏式、京式、晋式、宁式等不同的艺术风格。

清式家具的形成来自宫廷。从康熙中期兴起，清廷大量兴建皇家园林，清朝皇帝为显示正统地位，对宫廷家具的形制、用料、尺寸、装饰内容、摆放位置等都要过问。工匠为了让皇帝满意，在家具造型和雕饰上竭力显示皇家的正统、威严、讲究用料厚重、尺度宏大、雕饰繁复，一改明式家具简洁、雅致的韵味。

满族上层贵族纷纷效仿宫廷。此时，以北方四合院为蓝本的王府流行营造豪华旧日有一定文化品位的室内装修，大量采用楠木或红木制作壁纱橱、栏杆罩、落地罩、飞罩、炕罩等，把室内环境装修得十分精致，室内陈设该不符合满族贵族炫耀富贵、贪图享种简明清雅，崇尚古朴的风格不符合新贵族那受的审美心理，于是就出现了按居室的大小和某种用途而特制的一些家具。

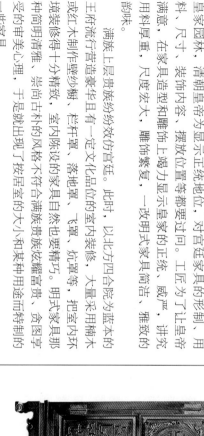

红木雕花亮格柜（清）

红木蝙蝠纹圆凳（清）

黄花梨木高盆架（明）

红木圈椅（明）

掐丝珐琅锦鸡御题挂屏（清乾隆）

家 具

家具

国粹图典

张加勉 编著

中国画报出版社·北京

图书在版编目（ＣＩＰ）数据

家具 / 张加勉编著. -- 北京 ： 中国画报出版社,
2016.9
（国粹图典）
ISBN 978-7-5146-1365-0

Ⅰ．①家… Ⅱ．①张… Ⅲ．①家具－中国－古代－图
集 Ⅳ．①TS666.202-64

中国版本图书馆CIP数据核字(2016)第224504号

国粹图典：家具　　　　　　　　　　　　　　　　　　　　　　张加勉　编著

出 版 人：于九涛

责任编辑：郭翠青

助理编辑：魏姗姗

责任印制：焦　洋

出版发行：中国画报出版社

　　　　　（中国北京市海淀区车公庄西路33号　　邮编：100048）

开　本：16开（787mm×1092mm）

印　张：11

字　数：169千字

版　次：2016年9月第1版　　　2016年9月第1次印刷

印　刷：北京隆晖伟业彩色印刷有限公司

定　价：35.00元

总编室兼传真：010-88417359　　版权部：010-88417359

发行部：010-68469781　　010-68414683（传真）

前言

中国传统家具的历史源远流长，经历了史前及夏商西周时期朴拙型，春秋战国、秦汉时期浪漫的低矮型家具，魏晋南北朝时期秀逸的渐高型家具，隋唐五代时期华丽的高低型并存的家具，宋元时期简洁的高型家具，明清时期雅致的明式家具和华贵的清式家具，从萌芽、成长、发展到成熟。

随着人们的居坐习惯从席地坐向垂足坐演进，中国传统家具逐渐发展起来，式样由低矮到高型，从单一到多样，积淀了深厚的文化内涵，具有强烈的民族风格和历史特征。

本书按照中国传统家具不同的使用功能，将传统家具划分为席、床榻类、椅凳类、桌案类、箱柜类、屏风类和架具类，以图鉴的形式对传统家具常见的结构、装饰和材质做了全面而详尽的解析，将传统家具以立体、直观的方式呈现在读者面前，让读者在图文互动中轻松地了解中国传统家具丰富的内涵。

目录

国粹
图典

家具

一

席

席是人类最早的家具之一，是用草、竹篾、藤条编结而成，供人们坐卧铺垫的编织用具。席以其材料易得、易于加工的特点成为新石器时代普遍使用的家具。

由考古人员在河姆渡遗址中发现的一些编织席的实物，可知当时的席已采用二经二纬的"人"字形和交互编织工艺。在距今约五千年的浙江湖州吴兴区钱山漾遗址中出土了大幅竹席和篾席，编织方法多种多样，制作工艺较为复杂。唐代以后，随着高型家具的普及，席的重要性渐渐降低。

从制作工艺的角度看，席可分为编织席和纺织席两种。

编织席

编织席分为凉席和暖席。凉席多用竹、藤、苇、草编制，也有用丝、麻的；暖席多用棉、毛、兽皮制成。夏天使用凉席，冬天使用暖席。

编织席不仅包括莞席（由一种叫作水葱的莞草编制而成）、藻席（由染色的蒲草编成或以五彩丝线夹于蒲草之中编成）、次席（由桃枝竹编成）、蒲席（由生长在池泽的水草菖蒲编制而成）、熊席（相传用熊皮或兽皮制成，专用于天子田猎或出征）五席，还有苇席、篾席、丰席、硼系席（洗浴时用）及缟素（郊祭用）等。

席和筵

席和筵是最常用的坐卧铺垫用具。筵用竹、苇等材料制成，席铺在筵上，有竹席、苇席、草席、藤席等编席，也有毛席、布席、锦席、丝席等织席，还有特制的羊皮席、虎皮席、貂皮席和熊皮席等动物席。席上可放置一些几、案等低矮的家具，随用随置，没有固定的陈设模式。

《孔子圣迹图》中的席　焦秉贞（清）

周代人席地而坐，筵席类铺陈用具是主要坐具，独坐的席常为主要人物或身居尊位的人使用。图为孔子跪坐席上，向诸侯王游说；诸侯王席地而坐，倚靠凭几，和颜悦色地聆听

包缘
大禹时代，为防止席边缘散落，在席的制作中出现了用丝麻、绢、锦等织物包边和边缘用花纹装饰等技术，在汉代十分流行

席面
多为草、竹等材料编织，饰以人字纹、矩形纹等纹样

锦缘莞席（西汉）

长 220 厘米，宽 82 厘米，长沙马王堆 1 号汉墓出土。

《诗经·小雅·斯干》："下莞上簟，乃安斯寝。"莞席制作较为粗糙，常作为铺在地上的"筵"使用。簟是质量好的竹席

《达摩像》中的禅席

魏晋时期，佛事活动日益频繁，古印度僧人专用的一种坐具——禅席已广泛用于寺庙中。禅席是用蒲草或毛毡等编织而成的圆形厚垫子，周边装饰着莲花等佛教图案。后来，禅席演变成一种新型坐具——蒲团。蒲团是具有中国特色的坐禅、礼佛用具。蒲团用蒲草编造，比禅席更厚，在禅席中填入了丝、麻、毛絮，呈扁鼓状

矮型家具和高型家具

矮型家具是与"席地坐"的起居习惯相适应的家具，高型家具是与"垂足坐"的起居习惯相适应的家具。席地坐是人坐在席上；垂足坐是人坐在椅凳上，两膝自然下垂。

宋代以前，中国传统家具以矮型家具为主。高型家具在宋代才普及，而北方游牧民族仍沿用席地坐的习俗。

纺织席

纺织席多以丝、麻为原料，分为毡、毯、茵和褥。

毡和毯是用途相同的坐具，有隔潮御寒、轻便松软、易于折叠携带等优点。它们之间的区别在于：毡是用毛和絮等混揉擀制、碾压而成；毯是经过混纺而成，表面比毡松软，多有厚密的毛或绒。茵是各种垫褥的通称，比席厚、柔软，有草制、毛皮制、布制、丝制、毡制等。"席地而坐"中的"席"主要指茵席。褥是铺设在身体下面的软垫，有草制、毛皮制、布制、丝制、毡制等。

坐姿与席的使用

"周礼"规范了人们的坐姿，古人"坐"的正确姿势是"跪坐"，即两膝着地，两脚的脚背朝下，臀部落在脚踵上，是中国古代的跪拜礼节。在"跪坐"时，如将臀部抬起，上身挺直，就是"长跪"，古书称为"跽（jì）"，这是将要站起身的准备姿势，也是对别人尊敬的表示。

另外还有一种"跏趺坐"，即盘腿而坐，脚背放在大腿上，至今仍是佛教徒的一种坐法，是一种不拘礼节的坐法。

最不好的坐姿是"箕踞坐"，即席地而坐时，两腿平伸，上身与腿成直角，形似簸箕。如有他人在时，"箕踞坐"表示对对方极其不尊重，古书中记作"箕"或"踞"。

四川汉墓画像砖《拜见图》中的席

镇
用玉、铜、石等做成的器物，置于席的四角，避免起身落座时席角折卷

隐囊
主人公背后有一软靠垫，名"隐囊"。这种始于汉代的靠垫流行于魏晋南北朝时期。隐囊像个球囊，内填棉絮、丝麻等物，外套以锦罩，有的绣上各种花纹，十分华美。在墓室壁画、石刻造像及传世绘画中常见

《高逸图》中的席 孙位（唐）

此图为《竹林七贤图》残卷。图中四贤分别是旁有童子奉琴的山涛，旁有童子抱书卷的王戎，旁有童子持唾壶跪接的刘伶，旁有童子奉上方斗的阮籍

西周时，对于席的材质、形制、花饰、边饰以及使用都做了严格的规定，要视身份地位的贵贱与高低不同而用，如《周礼·春官》记载："司几筵，掌五几、五席之名物，辨其用与其位。"

席的使用还有单席、连席、对席和专席之分。

单席：专为尊者所设，以表示对他们的尊敬。

连席：古时铺在地上的横席，可坐四个人，年长者坐在席的端部，共席坐的人身份要尊卑相当，不得差距过大，否则长者或尊者会认为是对自己的玷污。如果超过四个人，要请长者移坐于另一张席上。

对席：是为能互相讲话而专设的，如《礼记·曲礼》有"若非饮食之客，则布席，席间函丈"的记载。

专席：是为有病者或有丧事者所用。古代某人家有不吉之事（如亲人死丧、犯罪坐牢或亲人患有疾病等）去赴宴，要自觉坐在旁边的专席上，表示对主人的尊敬。

此外，席的使用方法中还有"加席"和"重席"的礼法，是对尊者的礼貌。其用法要视身份、地位的不同而定。

四川彭州汉墓画像砖上的连席

二

床榻

东汉许慎《说文·木部》载："榻，床也。"汉代刘熙《释名·释床帐》："人所坐卧曰床。床，装也。所以自装载也。长狭而卑曰榻，言其榻然近地也。"唐代徐坚《初学记》引汉《通俗文》载："床三尺五曰榻，板独坐曰枰，八尺曰床。"折合成今制，榻长约84厘米，床长约192厘米。

床的历史悠久，远古时代，人们用于坐卧的树叶、茅草或兽皮是历史上最古老的床榻。明代董斯张《广博物志》记载，相传神农氏发明了床，少昊始做箦床，吕望做榻。床的原型可追溯到西安半坡遗址中的土台。

床

床最早出现在春秋战国时期，《诗经·小雅·斯干》载："乃生男子，载寝之床，载衣之裳，载弄之璋。"河南信阳长台关出土的战国彩漆木床工艺讲究，装饰华丽，是目前能见到的年代最早的床。东汉时期的床可坐可卧，种类繁多，有居床、梳洗床、册床、火炉床、欹床等。魏晋南北朝时期，床具有宽、大、高的特点，有平台床和四面屏风床。隋唐五代的床有案形结构和台形结构两种。唐代还出现了屏风床。两宋时期的床在形制上接近明式床，出现了围子床，然而多数没有围子。辽、金、元时期的床有了多面围子。明式床的种类更多，出现了罗汉床、架子床、拔步床等。清式床造型精美，雕饰繁缛。

◆ 罗汉床

罗汉床是左右两侧和后面装有屏板但不带立柱、顶架的一种床榻，长2米左右，宽1米上下，高约40厘米，因能用于睡卧，故名"罗汉床"。从结构上看，罗汉床分为无束腰和有束腰两种。有束腰，牙条中部宽阔、曲线弧度较大的罗汉床俗称"罗汉肚皮"。明代罗汉床体积较小，主要设于书斋和闺房。

元刊本《事林广记》插图中的罗汉床

元代罗汉床多装栏杆带围板，此床三面有围栏，后栏杆较高，并装有雕花围板，两侧栏杆较低，前有脚踏

床屉
用藤编制而成的软屉，柔软舒适。除了藤屉外，还有棕屉、竹屉和木屉

曲尺图案围屏
此图案在云冈石窟北魏的栏杆栏板上已见使用，可见来源之早

大边
框架式结构家具用于两侧的两根木料，两端出榫头

鼓腿彭牙
家具在束腰以下，牙条和腿用粗木料制作，向外凸出，用抱肩榫斗接，然后内收，做成弧形

抱肩榫
有束腰家具的腿足与束腰、牙条相结合时使用的榫卯结构，也是水平部件和垂直部件相连接的榫卯结构

冰盘沿
明式家具常用的线脚（家具中部件截断面边缘的造型线式）之一，是上部突出、下部收入的一类线脚的统称

抹头
框架式结构家具用于上下的两根木料，两端有卯眼

束腰
家具面板和牙条之间缩进的部分，能增强面板和框架的牢度

铁力木床身紫檀围子三屏风罗汉床（明）

牙板
牙板又叫"牙条"或"牙子"，安装在家具面板之下连接两腿的木条，起加固和装饰作用。牙板有无雕刻花纹的素牙板与有雕刻花纹的花牙板两种

扎榫
扎榫又名"挂楔""走马销"，属楔形榫的一种，榫头一边成斜面，眼口凿成同形，但需再放长1倍凿直眼，榫头入直眼后拍进原榫眼，上提或挂拉都不能脱出，若拆装时可重新将榫头移入直眼探出

内翻马蹄形足
足又叫"脚"，家具腿着地之处。足端有撇脚、兽爪、马蹄、如意头、卷叶、踏珠、内翻马蹄、外翻马蹄、镶铜套等式。马蹄足又名"翻马蹄"，是从腿部开始，直到足部的变化弧线，是明代家具的特点之一。向内翻者叫"内翻马蹄"，向外翻者叫"外翻马蹄"

一木连做
束腰和牙条为一块整木连制的家具构件，为明及清前期家具制作中所常见。清中期以后，牙条和束腰改为用两块木条单独制做

图国
典粹

家具

　　榫：又称"榫头"，构件上采用凹凸方式相连接处凸出的部分；卯：插入榫头的孔眼，也叫"卯眼"，是与榫头上凸出部分相连接的凹进部分。传统家具的榫卯结构用于家具各个部件之间的连接，样式有近百种，大体上可分为四类：

　　1. 面板连接：用大边、抹头围成一个方框，然后在框内嵌薄木板。一般采用"龙凤榫加穿带"的工艺。

　　2. 两个面的连接：两个面的连接或两个边的拼合，或是面板与边的接合。常用槽口榫、企口榫、燕尾榫、穿带榫、札榫等。

　　3. 两个木条的连接：横竖材的丁字结合、成角结合、交叉结合、木材与弧形材的伸延结合，常用格肩榫、双榫、双夹榫、勾挂榫、楔钉榫、半榫等。

　　4. 三个木构件的连接：三个木构件组合在一起，构成三个平面直角相交的结构方法，除使用上述榫卯外，还要用托角榫、长短榫、抱肩榫、棕角榫等一些复杂和特殊的榫卯结构。

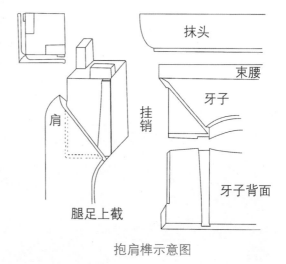

抱肩榫示意图

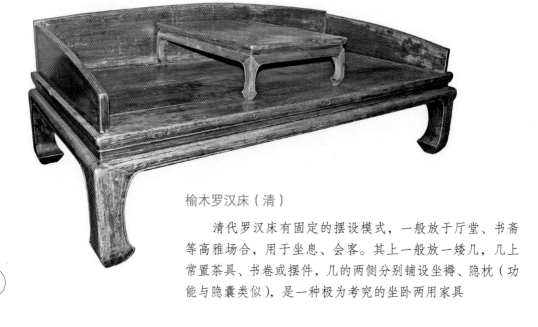

榆木罗汉床（清）

　　清代罗汉床有固定的摆设模式，一般放于厅堂、书斋等高雅场合，用于坐息、会客。其上一般放一矮几，几上常置茶具、书卷或摆件，几的两侧分别铺设坐褥、隐枕（功能与隐囊类似），是一种极为考究的坐卧两用家具

嵌大理石
围屏中镶嵌具有成型花纹的大理石，形成一幅天然的水墨山水画，是明清家具常用的装饰方法。大理石产自云南，故嵌大理石又名"嵌云石"。一般选择上品大理石，白如玉、黑如墨者为上品，不仅有美丽的纹理，还有"似与不似"的装饰意象。微白带青、微黑带灰者为下品

暗八仙纹
由八仙纹派生而来流行于整个清代的宗教纹样，具有祝颂长寿、驱邪保平安的寓意。暗八仙纹中不出现人物，以八仙所持之物代表各位神仙：芭蕉扇（汉钟离）、宝剑（吕洞宾）、花篮（蓝采和）、笛子（韩湘子）、宝葫芦（铁拐李）、云阳板（曹国舅）、渔鼓（张果老）、莲花或荷叶（何仙姑）

皮条线
平扁较窄的阳线（高出平面或凸起的线形）

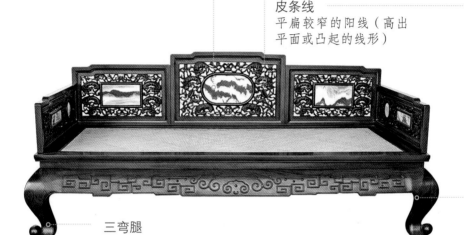

三弯腿
明清家具常用腿式之一，稳重、大方。脚柱上段与下段过渡处向里弯折，腿足大多有凸起的或外翻的脚头，故名

红木藤面罗汉床（清）

　　清代罗汉床体积大，陈设在厅堂，床围有三屏式（由三块组成，三面各一）、五屏式（由五块组成，后三，左右各一）和七屏式（由七块组成，后三，左右各二），正中稍高，两侧依次递减，用攒边做法攒接各种繁复图案（题材有山水花鸟、人物故事和吉祥纹样等），也有镶嵌玉石、大理石和螺钿等

线脚

　　线脚指家具的大边、抹头或腿足等部件的截断面边缘线的样式。线脚是明式硬木家具加强形体表现力的造型手法之一，使各种造型要素融洽谐调，具有艺术情调。

　　随着部件截断面轮廓线形的起伏和凹凸变化，线脚也在方（含长方）和圆（含椭圆）之间不断变形，呈现出多种造型，常见的有皮带线、碗口线、鳝鱼肚、鲫鱼背、芝麻梗、竹片浑、阳线、阴线、文武线、捏角线、洼线、凹线、瓜棱线、剑棱线、方线等。

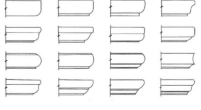

冰盘沿线脚示意图

架子床

架子床是有柱子承托床顶的双人床的统称，便于悬挂蚊帐、锦帐。架子床形制多样，最简单的架子床于四角设四柱，顶部设四竿，名"四柱床"，在明代午荣的《鲁班经匠家镜》中名"藤床"。有的架子床设六柱，即正面多设两柱为门，门罩有月洞式、栏杆式、八方式，门两侧装有围板，柱顶加盖，名"六柱床"。

立柱
架子床四角设有立柱。明清时期，还有在前面两柱间增设两柱的，为六柱

顶盖
顶盖是床立柱之上的床盖，加帐幔和坠饰，有可能是从汉代的承尘（施于床顶上，承尘土）演变而来

挂檐
挂檐多出现在明清家具中，位于床顶下，四面挂檐有攒接的精美图案，还衬以实板牙条，透雕装饰图案

架子床形制

内翻马蹄足
明式床足多做成内翻马蹄足，钩裹有力

床座
床座是由纵、横的方木制做成的长方形框。明清时期，床座前面的前沿边缘多起阳凸线装饰，下有束腰，十分讲究

围栏
明清时期的床围栏多是用细木攒接成各种花纹的围板，非常精致，疏朗隽秀

床屉
架子床的床屉一般分为两层，用棕绳和藤皮编织而成，下层为棕屉，上层为藤席，多见于南方地区。北方多用木屉，可防寒保温

《女史箴图》中的围屏架子床　顾恺之（东晋）

　　此床足座较高，床上设屏，床帐与床体合二为一，是架子床的最早实例

黄花梨木六柱式
架子床（明）

黄花梨木

　　明初王佐《新增格古要论》载："花梨出南番广东，紫红色，与降真香相似，亦有香。其花有鬼面者可爱，花粗而色淡者低。""黄花梨"之名是20世纪20年代梁思成考察古代建筑和明清家具时，发现古代所用"花梨"与近代制作硬木家具所用的一种叫"新花梨"的木材不是同一种木材，为了区别而加了一个"黄"字，此后"黄花梨"之名遂流传开来。可见，黄花梨是近代流行起来的商业名称，并不是古代名称。

黄花梨木切面

　　黄花梨木纹理清晰，色泽从赭黄至褐赤。不易变形，手感温润，不燥不腻。明代考究的家具都首选黄花梨木制造，被视作上乘佳品

百子图图案

百子图又叫"百子迎福图""百子嬉春图"，其典故最早源于周文王生百子，是祥瑞之兆。画面常画众多小孩，寓意多子多孙，多福多寿

楠木雕百子图架子床（清）

清式架子床用料比明式架子床粗大，床的尺寸更大，架子床的正面装有雕工华丽的门罩。门罩用厚一寸左右的木板镂雕成"松、竹、梅"或"葫芦万代"等寓意富贵、长寿、多子多孙的吉祥图案

楠木

楠木古称"枏木""枬木"，树皮呈灰白色，有独特的香味，产于中国四川、云南、广西、湖北、湖南等地。清代谷应泰《博物要览》记载："楠木有三种，一曰香楠，又名紫楠；二曰金丝楠；三曰水楠。南方者多香楠，木微紫而清香，纹美。金丝者出川涧中，木纹有金丝，向明视之，闪烁可爱。楠木之至美者，向阳处或结成人物山水之纹。水河山色清而木质甚松，如水杨之类，惟可做桌凳之类。"

金丝楠木切面

楠木木材坚硬致密，纹理雅致。金丝楠木纹里有金丝，布格纹明显，弹性好，易加工

拔步床

拔步床形制庞大，从外观看好像一个木屋。《鲁班经匠家镜》中把拔步床分为"大床"和"凉床"两式，实际上是拔步床的繁、简两式。

拔步床由两部分组成：一是架子床；二是架子床前的围廊，与架子床相连为一整体。床前的廊形成了相对独立的活动空间，廊庑两侧可以放置桌凳、便桶、灯盏等小型家具。人跨步入廊犹如跨入室内，因地上铺板，床置于地板之上，故又有"踏板床"之称。富贵人家的拔步床形制大，木料好，做工和雕工都很考究。

拔步床在长江流域十分流行。因长江流域的城镇土地资源紧张，房屋不是采用北方四合院的布局，而是前后几重厅堂相连，为了解决采光、换气、排雨水等问题，在前后各重厅堂间开设天井。

屋内间隔采用不保暖的木板墙，江南梅雨季节气候阴冷潮湿，冬天气温又较低，所以才有此类床的流行。过去常有北方人不知此风俗，将"拔步床"误听成"八步床"，又曲解为"长达八步之床"。

朱金黄杨雕银杏拔步床（清）

黄杨

黄杨属黄杨科，常绿灌木或小乔木，生长期缓慢，故民间有"千年黄杨不成材"之说。黄杨分布于热带和亚热带地区，我国东南沿海、西南、台湾等地均有产出。我国的黄杨木品种约有18种，主要有野黄杨、豆瓣黄杨、瓜子黄杨等。

黄杨木切面

黄杨木材呈淡黄色，似象牙，俗称"象牙黄"，纹理细密，木质柔韧，质地光洁，有轻淡香气，适宜作为家具上的镶嵌木料或雕刻材料

立柱
有四柱式或六柱式

床顶
清代拔步床床顶安盖，中间镶接吉祥图案，雕饰繁缛

窗户
透雕精美，有如园林走廊的窗户

拔步床（清）

仿石础造型
拔步床按照房屋的框架和装饰建造，立柱下保留有鼓形石础的造型

踏步
踏步是长出床沿1米左右的平台，在床前形成一个小廊

底座
底座是一个木制平台，床置于其上

木围栏
多为三面床围和门围，斗接有吉祥图案

榻

榻，是一种长狭而低矮的坐卧用具。一人独坐的榻称为"独睡"，两人坐用的榻叫作"合榻"。

榻出现在西汉后期，主要有四足榻和箱形榻两种，专供一人坐卧。魏晋时期，榻的形制与汉代榻没有太大变化。唐代以后，榻逐渐增高，分为足式榻和方座式榻。两宋时期，榻具有坐卧双重功能，是官僚贵族和文人雅士会客、休息使用的厅堂家具。榻上还放有凭几、靠背和棋枰等。明代的榻多是仿古高档家具，已非一般家庭所用。

◆ 四足榻

四足榻屉面平整，四周不起沿，采用多根有间隙排列的木条或竹条做成，通风透气，流行于江南地区。腿足之间有起加固作用的撑子。四足榻腿足较高，截面多呈矩尺形，也有扁柱形。

《扶醉图》中的四足竹榻　钱选（元）

◆ 箱形榻

箱形榻多为长方形，每边心板有典型的壶门装饰。

托泥
托泥是家具足部之下用来承托家具的圆形、正方形、长方形、六角形、八角形、梅花形及海棠形等形状的木框架

壶门装饰
壶门装饰是家具上一种装饰结构，由弧形曲线从中间起，向两边各分出一道或多道弧线，最后连接成一个马蹄形的图案

◆ 方座榻

方座榻多见于佛教绘画和文人雅士的起居场所。其造型上带有明显的佛教色彩，形体上敦厚、华贵，榻下方的座多以须弥座式、壶门托泥式为主。

《维摩演教图》中的方座榻 马云卿（金）

《北齐校书图》中的箱形榻 杨子华（北齐）

◆ 贵妃榻

贵妃榻又叫"美人榻"，是古时妇女用来小憩的一种形制狭小、可以坐卧的榻，造型优美，制作精致。

贵妃榻（近代）

木工

春秋战国时期，社会生产力进一步发展，逐渐确立了以小农经济为特点的封建生产关系。木工已作为一个行业出现了，当时叫"梓匠"。梓是木名，建筑和家具多用梓木，故而把木工称为"梓匠"。《墨子》记载："凡天下群百工，轮车鞲鲍，陶冶梓匠。"

当时木工的测量技术已进步到"以矩尺量方，以圆规量圆，以绳量直，以悬锤量垂直，以水定平"。不过，当时的"梓匠"并不是专门制作家具的木匠，而是修建木建筑的工匠。专门制作家具的木匠要在明代中期才出现。

木工制作场景（明）

《钦定书经图说》中的木工工作场景（清）

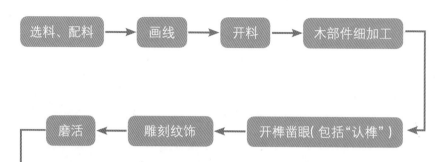

选料、配料 → 画线 → 开料 → 木部件细加工

磨活 ← 雕刻纹饰 ← 开榫凿眼（包括"认榫"）

攒活（组装）→ 净活 → 打蜡擦亮（含前期的火燎、刷色）

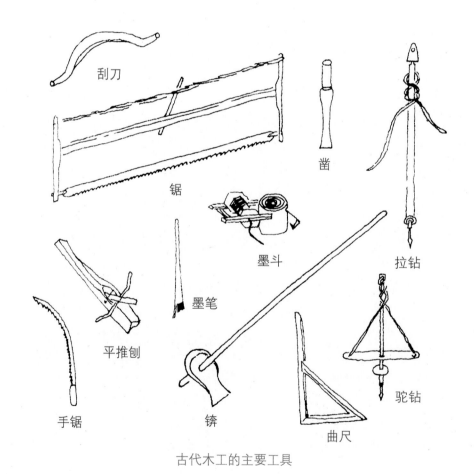

刮刀

锯

凿

墨斗

拉钻

墨笔

平推刨

手锯

锛

曲尺

驼钻

古代木工的主要工具

椅凳

　　椅凳类家具包括椅、凳、墩、机等坐具。在椅凳类家具出现之前，席和床榻类家具一直是最主要的坐具。

　　"椅"字最早出现于《诗经》："其桐其椅。"这里，"椅"是一种叫"梓"，别称"楸木"的木材，并非家具类别。椅子的出现当在汉灵帝时期，其前身是汉代时由北方传入的胡床。宋代高承《事物纪原》引《风俗通》说："汉灵帝好胡服，景师作胡床，此盖其始也，今交椅是。"南朝范晔《后汉书》记载："灵帝好胡服、胡帐、胡床、胡坐、胡饭、胡箜篌、胡笛、胡舞，京都贵戚皆竞为之。"可见，胡床是中国古代最早的椅凳类家具。直到唐代中期以后，椅凳类家具才进入上流社会，应用于宫廷宴饮、家居生活及行军战场。

在历史文献记载中，古印度僧侣所用坐具名为"绳床"，如《晋书·佛图澄传》载："坐绳床，烧安息香。"随着佛教文化和佛教艺术的传播，古印度的高型坐具绳床也进入了汉地。"椅子"的名称最早始见于唐代《济渎庙北海坛祭器杂物铭》碑阴文："绳床十，内四椅子。"意思是：十件绳床中有四件有靠背，称椅子。由此可知，唐代时，带靠背的名为椅子，不带靠背的则仍称为床。但这时椅子的名称并不普遍，许多人仍把椅子称为"床"。

椅子是明代家具中最具典型性的高足坐具，品种多样，制作精美。现在所见的椅子大多是明清以来的椅子式样，形制繁多，分为有扶手和无扶手两类。

扶手椅包括圈椅、玫瑰椅、太师椅、官帽椅及宝座等；无扶手椅包括梳背椅、灯挂椅、一统碑椅和交椅等。

◆ 圈椅

圈椅又名"罗圈椅"，是扶手椅的一种形式。圈椅之名缘于靠背与扶手相连成圈形。圈椅对所选用木材的纹理要求很高，制作时讲究采用"三接"或"五接"（即用楔钉榫连接三条或五条弧形木条）的做法，世称"三圈""五圈"。扶手有出头和不出头两种。出头的扶手在端头向两侧微微扩张，呈现出外张内敛的守势，有象征中国传统理学提倡的士大夫精神的意味。靠背板向后凹曲，中

《挥扇仕女图》中的圈椅
周昉（唐）

一个手持团扇的贵族妇人斜坐在一把雕饰华美的圈椅上。圈椅上的彩色丝绦吊在两腿之间，搭脑和扶手浑然一体，形成流畅的圈式曲线，端庄华美而不失清雅。这是我们见到的第一把圈椅，也是唐代的新型家具

心多有装饰图案。

圈椅的最早形式出现在唐代。宋元圈椅继承唐代式样，有的无搭脑，有的有搭脑。明代圈椅在结构上更加合理。

清代圈椅制作渐少，式样一如明式，只是更喜欢制作鹅脖和椅圈立柱与腿足单独制作、带束腰、足下有托泥的圈椅。

《张果老见明皇图》中的圈椅　任仁发（元）

图中的圈椅靠背与扶手为同一曲木，扶手端部有后卷曲的装饰，靠背以成排竖枨与座面相连，座面下有如意云头形曲足

明代圈椅的两大常规做法

1. 前腿与鹅脖为同一根木材，后腿与靠背的立柱为一木连做，靠背攒框嵌板，上浮雕纹样。座下三面装有壶门式雕花券口牙子。圈椅的鹅脖一般为曲形，在椅圈与立柱、鹅脖与扶手、靠背板与椅圈之榫结处均装有镂花边花牙。

2. 鹅脖、椅圈立柱和腿足分别单独制作。椅座下设有面板、束腰、托腮、牙板、三弯腿、龙爪足、托泥等结构。靠背板上装饰有精美的浮雕；靠背板、后立柱、鹅脖都装有曲边花牙；高束腰的两侧装有立柱，嵌有绦环板式浮雕螭龙装饰；托腮较宽；三弯腿与壶门式牙子榫衔接为一体，上有卷草纹浮雕；龙爪足下有须弥式托泥。

椅圈
搭脑（靠背最上端的横梁部分）向两
侧前下方延伸，与扶手融合在一起。
宋明时称"栲栳样"。椅圈多由楔钉榫
接而成

托角牙子
安装在家具直角相交处的片木状小牙
子，明式椅子常安装在后脚、搭脑和
扶手与鹅脖的交接处，既美观又牢固

背板
背板多呈优美的"S"形，其上有
浮雕图案，或镶嵌玉、石、木等

角牙
家具横、竖材交角处，由短
木条、短木片、角花板等形
成的三角形或带转角的部件

鳝鱼头
扶手椅或圈椅
的扶手，由露
断面加工制成
的向外侧弯曲
的各种头形样
式，"鳝鱼头"
为其中一种

联帮棍
联帮棍又叫"镰
刀把"，扶手中
部下方装有的向
外弯曲的立柱

亮脚
亮脚是明清家具工
艺术语。在椅子靠
背、床围子、曲屏
等下部透雕吉祥纹
饰，明亮透光

鹅脖
前腿上端与扶
手相连接的部
分，起承托扶
手的作用

龟足
托泥下面的小底足

托泥
椅腿之下的构件

红木圈椅（明）

楔钉榫

　　楔钉榫是用来连接弧形圆棍状
家具部件的榫卯结构。其做法是把上
下两片端头为台阶状榫头的弧形材嵌
接，然后在连接部位的中间凿一个一
端稍大、一端稍小的方孔，将一枚与
孔等大的长楔钉插入，使连接部不会
上下移动。

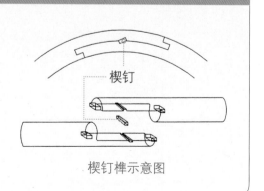

楔钉榫示意图

《折槛图》中的圈椅　佚名（宋）

黄花梨木圈椅（明）

红木

　　此处的红木专指酸枝木，是狭义的红木。酸枝木属于豆科植物中的蝶形花亚科黄檀属，主要包括黑酸枝、红酸枝和白酸枝。酸枝木因锯开时发出一股醋酸味而得名，长江以北则称作"红木"。

红酸枝切面

　　色为枣红色，纹理顺直

黑酸枝切面

　　色由紫红到紫褐或紫黑，像紫檀木，纹理较粗

玫瑰椅

玫瑰椅是明式椅子的一种样式，因这种椅式是为坐于书桌旁写作之用而设计的，故又名"文椅"。玫瑰椅大多用花梨木或鸡翅木制作，一般不用紫檀，而且用圆材加工，借花梨木独具的色彩和其别致的造型，使人一见便觉赏心悦目。

玫瑰椅的基本特征为：一是靠背和扶手与椅座均为垂直相交；二是靠背较低，与扶手高低相差不大；三是因靠背的装饰和采用牙子的不同而有多种样式，较为典型的是在靠背和扶手装券口牙条（指牙子只装上部和左右两侧而不装下部），与券口牙条相连的横枨下安矮老（专指牙条与下横枨之间起支撑作用的小立柱）或卡子花。

黄花梨木玫瑰椅（明）

明代黄花梨家具具有强烈的文人风格，不加雕饰，注重内涵的自然表露。此椅在椅背和扶手处营造出大片空白，表现出空灵之美和平淡的韵味，彰显了中国传统家具的美学特质

明代家具与明式家具

明代家具最早产生于明代中期隆庆、万历年间的苏杭一带，包括硬木家具、大漆家具（以大漆工艺为装饰的木胎家具）、硬杂木家具（外面施透明漆或桐油）、竹藤家具、瓷家具等。其中，大漆家具、硬木家具都是高档家具；硬杂木家具、竹藤家具、瓷家具等多是民用家具，其中也不乏高档品。

明式家具是晚清、民国时期古玩店为了方便对硬木家具进行断代，而将家具的风格样式分为"明式"和"清式"。"明式"并非指明代制作，而是指硬木家具的风格样式为明式。清式家具初步形成于清康熙中晚期，所以清顺治年间、康熙前期所做家具风格大部分仍为明式。目前传世的明式硬木家具就有不少制作于清顺治、康熙时期。

著名家具研究专家王世襄先生用"十六品"和"八病"来概括明式家具的艺术风格。"十六品"即简练、淳朴、厚拙、凝重、雄伟、圆浑、沉穆、浓华、文绮、妍秀、劲挺、柔婉、空灵、玲珑、典雅、清新；"八病"即烦琐、赘复、臃肿、滞郁、纤巧、悖谬、失位、俚俗。

透雕花饰

透雕是明清家具三大主要雕刻手法（浮雕、透雕和圆雕）之一。透雕又叫镂空雕，家具行中叫"镂活"或"镂花"，是留出纹样，镂空和全部挖掉底子，将留出的图案做成立体的效果。透雕分为一面雕和双面雕

套榫

因形似鼻头，故又叫"鼻头榫"，是明清家具中圆材角交接构造常见的榫卯结构。椅子的搭脑不出挑，和腿交接处常用腿料做方出榫，搭脑挖对应的卯眼套接

卡子花

明清家具部件名称，又名"吉子花""结子花"，卡在两条横枨间的雕花饰件，是一种图案化的"矮老"，用途与矮老相同

椅背

玫瑰椅的靠背较矮，一般不超过桌面的高度，陈设时，多靠窗台或其他几架间，而不会遮挡视线。倚靠时，由于搭脑正值后背，会不舒适

"步步高"式管脚枨

安装在椅子、凳子、桌子四条腿间下部的枨，因靠近足部，故名"管脚枨"。管脚枨前枨低，两侧横枨略高，后枨最高的一种做法叫"步步高"管脚枨，有"步步高升"的吉祥寓意

横枨

水平安装在桌、案、凳、椅的腿足之间的直木条

黄花梨玫瑰椅（明）

花梨木

花梨木泛指几种紫檀属的草花梨，与黄花梨不同属，是明清硬木家具的主要材种。木质颜色浅黄，纹理清晰，带有香味，工艺性能不如黄花梨木。

花梨木切面

花梨木玫瑰椅（清）

此椅低靠背，呈方形，靠背板透雕蝠、芦（福禄）吉祥纹饰。座面上花梨木的自然纹理清晰，牙子雕饰简洁

◆ 太师椅

宋代太师椅的典型特征是圆形搭脑形成圆形的椅圈，椅背后面插有带柄木质荷叶形托首。明清时期，太师椅没有固定式样，形体偏大，造型厚重庄严，成排陈设在厅堂之上。太师椅的上部和下部为独立的两个部分，上部是屏风式的靠背和扶手，下部俨然是独立的杌凳。上部的靠背和扶手近于方形，几乎垂直于椅面，椅腿截面也多为坚硬的方形，整体粗犷厚重。

一侍者肩上所扛的栲栳圈交椅椅圈上安有一荷叶形托首，与《贵耳集》文中描述的太师椅完全相同

《春游晚归图》中的太师椅　佚名（宋）

据宋人张端义《贵耳集》载，南宋官员吴渊为奉承当时的太师秦桧，特意命人在秦桧的栲栳式座椅上添置荷叶托首，"太师椅"由此得名。有关宋代太师椅的形象资料可从南宋绘画《春游晚归图》《中兴祯应图》中看到

书卷式搭脑
靠背板与搭脑用一
木连做，搭脑制作
成书卷式，突出文
人之气

拐子纹
拐子纹是一种变形
的回纹，是清代扶手
椅靠背常见的纹样

洼堂肚
清式家具的一种装
饰手法，牙条正中下
垂的曲边装饰线角

透雕花牙
明代家具的牙
板多用浮雕，清
代家具上的牙
板则多用透雕，
体现出空灵、通
透之美

回纹足
回纹是清式家具最具
有装饰性的纹样，通
常采用浅浮雕法，以
一点为中心，用方角
向外环绕形成图案

太师椅（清）

　　清代太师椅后背通常做成屏风式，椅背后带有托首，扶手两侧有站牙（下部嵌
入家具而垂直状的牙板），刻雕或镶嵌大理石、玉片、瓷片等作为装饰

红木灵芝太师椅（清）

紫檀木太师椅（清）

◆ 官帽椅

官帽椅因其形似古代的官帽而得名。官帽椅分为南官帽椅和北官帽椅。

北官帽椅因搭脑、扶手皆出头，又名为"四出头官帽椅"，简称"四出头"。

南官帽椅与北官帽椅相比，在于搭脑与扶手都不出头，而做成软圆角，故又称为"四不出头官帽椅"。其用材或圆或方，或曲或直，背板通常做成"S"形，搭脑仍向后凹进，因主要流行于南方，故名"南官帽椅"。有的南官帽椅采用排成梐格的梳背式；有的南官帽椅把座位的前缘加宽做成六角形座面，有六足，腿足之间安装管脚枨，称"六方椅"或"六角椅"，因视觉上与乌龟的背部很相似，故又名"龟背式南官帽椅"。

《太白醉酒图》中的官帽　苏六朋（清）

古代官帽的式样多为前低后高，官帽椅靠背与扶手的高度比例近似于官帽的前后比例，故名官帽椅

铁力木管脚枨北官帽椅（明）

北官帽椅多置于厅堂明间的两侧，与茶几配套摆放，适合待客

中和殿的家具陈设

　　中和殿因是皇帝临时休息的场所，所以没有造型高大带阶梯的地台，而是以须弥座式的地平台代替。宝座和屏风以及脚踏更注重方便实用，宝座上放置厚厚的软垫，更加舒适

保和殿的家具陈设

　　因保和殿的用途主要是举行国宴，所以要突出皇帝的宝座，但又不同于太和殿的宏伟、庄严。大殿正中设有三路五级式地台，宝座有两层束腰底座，脚踏也稍高，宝座靠背为透雕蟠龙嵌面心板，宽度和厚度虽不如太和殿的宝座，但在台基和屏风的对比之下，整体显得格外壮观。宝座后面的屏风为三联式，比太和殿要小一些，装饰也较简单

　　中和殿是太和殿的附属建筑，是皇帝到太和殿之前的休息之所。保和殿主要是国宴厅，也是科举殿试的举办地。中和殿、保和殿内家具的陈设格局与太和殿大致相同，宝座、屏风、地台、香几是必不可少的，但等级低于太和殿，在式样和陈设上也各有特色。

乾清宫的家具陈设

　　乾清宫是内廷第一大殿，也是皇帝的寝宫，地位与太和殿相同，但因是内廷，建筑等级略低于太和殿。清代自雍正皇帝改居养心殿以后，乾清宫便成为皇帝召见大臣，批阅奏章、处理日常事务等的场所。另外，皇帝死后，梓宫要先停在这里。

乾清宫的家具陈设

家具的陈设格局与太和殿大致相同，宝座、屏风、地台、香几必不可少，但等级不及太和殿。因宝座前有御案，故宝座形体要略为小些，屏风也改用五重，地台、香炉、香筒和仙鹤都相应地小些

养心殿的家具陈设

清代自雍正皇帝起，养心殿是皇帝的寝宫，地位等同于乾清宫。但养心殿的位置和建筑规格远逊于乾清宫。养心殿分前殿和后殿两个部分。前殿包括大殿正殿和东暖阁、西暖阁。正殿和东暖阁是皇帝处理政务的办公室，西暖阁是皇帝的书房。后殿是皇帝的寝宫。因功能较多，故养心殿的家具布置有明显的变化。前殿正殿的家具主要突出宽大、雄伟、明亮，各种陈设对称严谨，层次分明，目的在于显示皇权的尊贵、威严。后殿的布置格局轻松，柔美而秀雅，生活气息浓郁。

养心殿大殿正殿的家具陈设

大殿正中悬挂"中正仁和"的匾额，下设三联屏风，屏风左右是存放《十三经》和《二十四史》等书籍的书格，屏风前设花梨木地平，地平上设有御案和花梨木宝座。宝座两边设香几、宫扇，御案两侧设用端、垂恩香筒等。宝座上设丝锦靠背和隐枕，地平上设织毛花毯。陈设方式与太和殿相似，但更趋于生活化

◆ 梳背椅

梳背椅属于明清家具样式。因较宽的靠背是用细圆柱均匀排列而成，如同梳子，故名。

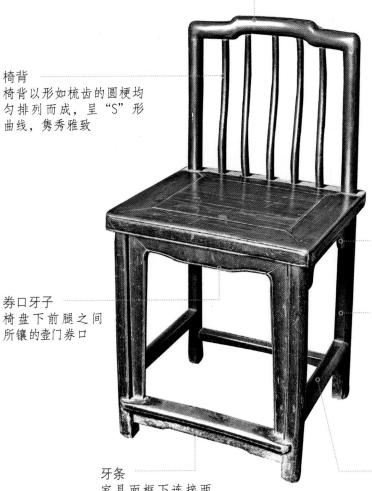

罗锅枨搭脑
搭脑中部高，像罗锅枨的样式

椅背
椅背以形如梳齿的圆梗均匀排列而成，呈"S"形曲线，隽秀雅致

牙头
牙条的两端

券口牙子
椅盘下前腿之间所镶的壸门券口

腿足
为直线形，和椅背两侧立柱一木连做

牙条
家具面框下连接两腿之间的构件

赶枨式管脚枨
为避免榫卯开在一个水平面上，而将管脚枨做成前后低、两侧高的赶枨式

明式梳背椅

梳背椅造型简练朴素，和谐精巧，清丽动人

◆ 灯挂椅

灯挂椅因搭脑两端出挑，向上翘起，形似江南农村使用的竹制油盏灯的提梁，故而得名。灯挂椅在五代就有，从五代顾闳中的《韩熙载夜宴图》中就可看到这种椅子。到明代，灯挂椅已发展成为具有典型代表意义的明式家具。

灯挂椅整体多通光无雕饰，有装饰的灯挂椅也仅在靠背上雕一简练精美的图案。整体由下向上略呈收势，给人以稳健、挺拔的视觉效果。黄花梨、红木、榉木、铁力木材纹路很清晰，木质坚硬，是明清灯挂椅的主要材料，做成椅子后较少上色，有"清水货"之称。

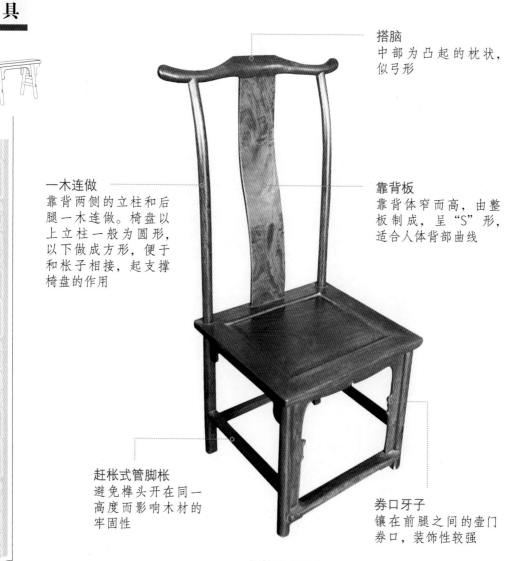

搭脑
中部为凸起的枕状，似弓形

一木连做
靠背两侧的立柱和后腿一木连做。椅盘以上立柱一般为圆形，以下做成方形，便于和帐子相接，起支撑椅盘的作用

靠背板
靠背体窄而高，由整板制成，呈"S"形，适合人体背部曲线

赶帐式管脚帐
避免榫头开在同一高度而影响木材的牢固性

券口牙子
镶在前腿之间的壶门券口，装饰性较强

灯挂椅（明）

《韩熙载夜宴图》中的灯挂椅　顾闳中（五代）

　　灯挂椅一般披挂长条状的绸缎椅披，有红、白、粉、葱心绿、玫瑰红等颜色，上绣花卉图案、飞鸟走兽或人物山水

罗锅枨加矮老
明清家具中常见的装饰构件。罗锅枨是一种中间向上凸起的枨，具有曲直的线条美，常与矮老及卡子花搭配使用

灯挂椅（现代）

　　灯挂椅的形制较小，使用方便。朴素、轻巧的灯挂椅容易搬动，便于和其他家具组合，在戏台上常放在方桌两侧作为道具

明式红木家具的艺术特色有如下几点：

1. 追求木质纹理的天然之美

中国传统家具一向以漆木家具为主，髹漆工艺是高档家具的主要特色。明代红木家具用珍贵的红木制作，红木所具有的质地坚硬、木纹细腻、色泽优雅、纹理清晰等天然之美得到重视。红木家具不再髹漆，而改为蜡饰或擦漆，即所谓"干磨硬亮""清水货"，从而营造出明式红木家具古朴、端庄的意境之美。

2. 结构严谨

明式红木家具注重舒适性，在造型结构上反映出现代人体工学的内容，体现了造型设计的先进性。又因红木质地坚硬，很小的榫卯就有很强的结合力。采用科学和更具装饰性、工艺性的榫卯结构来连接，加之束腰、牙板、矮老、罗锅枨、三弯腿、托泥等结构的综合运用形成了明式红木家具结构严谨的造型特色。

3. 装饰洗练

明式红木家具不事雕琢，追求以线条与块面相结合的造型手法，具有优雅、清新、纯朴、大器的韵味。

4. 家具系列化

从明代中期起，新建的民居建筑形成了厅堂、书斋与卧室三大系统，促进了家具的系列化生产，如桌案类、凳椅类、床榻类、柜架类、小器件与陈设用品等家具。

灯挂椅（现代）

清式红木家具和明式红木家具在造型特征上表现出不同的美学风格。明式家具是以隐逸文人审美情趣为主流的一种家具，而清式家具是以清代宫廷审美情趣为主流的一种家具。

清式红木家具从实用走向艺术，把清新、典雅的明代风格衍化转变成繁缛、富丽的清代风格。

清式红木家具的总体尺寸趋于宽、高、大、厚，与此相应，局部尺寸与部件用料也随之加大变宽，形成十分稳重、大气、宽厚的气势。

清式红木家具重装饰，不仅使用多种雕刻、镶嵌技法，而且广泛使用各种装饰材料，装饰纹样多采用象征吉祥如意、多子多福、延年益寿、官运亨通之类的吉祥图案。

清式红木家具的构件有极强的装饰性。如常在长边、短抹、横档等部位加以雕饰；用卡子花等构件替代矮老；束腰有高有低，还有加鱼门洞、加线的；用三弯如意腿、竹节腿等腿型代替方直腿、圆柱腿、方圆腿，或在腿的中端雕刻花形，侧腿间透雕花牙档板等；足端变化丰富，有兽爪、如意头、卷叶、踏珠、内翻马蹄、外翻马蹄、镶铜套等。

红木雕博古图一统碑椅（清）

博古纹

博古纹是清代家具上使用较多的饰纹，是一种器皿纹（器口上或点缀有各种花卉），寓意清雅、高洁。博古纹起源于北宋，宋徽宗命大臣编绘《宣和博古图》，收录宣和殿所藏古玩，后人取该书中器皿纹为纹饰，遂命名为"博古纹"

◆ 一统碑椅

一统碑椅常见于明清时期，因靠背较宽，搭脑两端不挑出，靠背外轮廓为规整的长方形，与椅面成直角，民间言其像一座碑碣，故名"一统碑"椅。一统碑椅广泛使用于民间，南方民间也称"单靠"，习惯披挂长条状的椅披。

蟠螭纹
螭是古代传说中的一种神兽，头上无角，有四只脚和一条长卷尾。清代盛行螭纹。蟠螭纹是盘曲而伏的螭纹，构图呈半圆形或近圆形盘曲

罗锅枨搭脑
搭脑呈中部高起的罗锅枨式，线条优美

椅背板
清代苏州地区苏作一统碑椅基本保持了明代式样，靠背为规整的长方形，也有苏作的一统碑椅的背板常做成木梳形。广东地区广作一统碑椅装饰富丽，雕刻繁缛，镶嵌和描金，椅背板浅雕团形花纹，是典型的清式家具

"太平有象"图案
太平有象又叫"太平景象""喜象升平"，是传统吉祥纹样。"瓶"与"平"同音，象是瑞兽，图案为象驮宝瓶或象鼻卷瓶，瓶中插有花卉，有安宁和平、民康物阜的吉祥寓意

椅面
明式椅面有用木板，也有用软屉的，而清式椅面都用木板

内翻马蹄足

楠木一统碑椅（清）

从清朝中期起，我国家具业有很大的发展，形成了广式、苏式、京式、晋式、宁式家具。在民国时期，不同流派的家具继续发展，又出现了以上海红木家具为代表的海派家具。因此，我国近代家具主要有这六种家具流派。

广式家具

广式家具又叫"广作"，以广州家具为代表。工艺特点：用料讲究，一件家具只用一种木料；各种部件均用整料挖做而成；注重雕刻，镶嵌大理石与螺钿。清中期，广式家具是当时最时尚的家具风格，以其洋化风格博得宫廷青睐，然做工不及苏作，故民间有"广东样、苏州匠"之说。而苏式家具在从官作向民用转化时，也参照广式家具的式样，形成"广式苏作"。

苏式家具

苏式家具又称为"苏作"或"苏式"，以苏州家具为代表，是清代中期形成的称谓。工艺特点：善于将小料拼成大部件，用料节俭、合理；饰纹以传统纹样为主。风格简练古朴、比例适度、轮廓舒展、榫卯精密，从而博得人们的喜爱。

广式红木单靠椅（清）

苏式红木扶手椅（清）

椅
凳

京式家具

京式家具又叫"京作"，以北京家具为代表。主要供宫廷、王府、官员使用，家具风格介于苏式与广式之间，以色泽浓重的紫檀木为首选，以制作大型红木家具为主，用料比广式要小，工艺严谨接近苏作，在造型上追求雄浑、稳重，与清宫的建筑及工艺陈设品的风格保持一致；装饰纹也与苏式、广式不同，喜欢用夔龙、夔凤、蟠纹、螭纹、雷纹、蝉纹、兽面纹、勾卷纹及博古纹等，追求古雅的艺术风格。

京式紫檀木雕荷叶龙纹宝座（清）

晋式家具

晋式家具指清代山西制作的家具。晋式家具以仿清乾隆紫檀家具为主，用料大器，造型端庄、壮硕。晋式家具为明式风格，表面常施以漆器描金工艺，以核桃木为高档用料，普通民用家具则以榆木擦漆居多。

晋式红木圈椅（清）

宁式家具

宁式家具指明清以来宁波地区以当地的红木、鸡翅木、黄榉木、花梨木等制成的家具，是清代至近现代著名的家具。宁式家具做工讲究，注重装饰。其装饰技法主要有雕刻和髹漆相结合的朱金木雕装饰，以及集雕刻、镶嵌于一身的骨木镶嵌装饰，雕嵌的花纹图案和装饰格调带有鲜明的地方色彩。

海派家具

海派家具泛称民国时期上海红木家具制造业，也指民国时期上海制造的红木家具。其选用印度红木，木质以细密著称，有"西洋装"（欧洲式的家具式样和纹饰）、"东洋装"（日本式的家具式样和纹饰）和"本装"（清式家具式样和纹饰）三种装饰风格，比传统家具更为实用。

红木太师椅（民国）

红木单靠椅（民国）

◆ 交椅

交椅也称"交床"，是一种折叠式椅子。宋代程大昌的《演繁露》记载："今之交床，制本自虏来，始名胡床，桓伊下马据胡床取笛三弄是也。隋以谶有胡，改名交床。"表明交椅是从东汉末年及魏晋南北朝时期的胡床演变而来。

宋元时期，交椅是上层社会使用的高档家具。宋代高级官员上朝都自带一把交椅，以便上朝前休息使用，如宋人王明清《挥麈三录》的记载："绍兴初，梁仲谟汝嘉尹临安，五鼓往待漏院，从官皆在焉。有据胡床而假寐者，旁观笑之。又一人云：'近见一交椅样甚佳，颇便于此。'仲谟请之，其说云：'用木为荷叶，且以一柄插于靠背之后，可以仰首而寝。'……今达宦者皆用，盖始于此。"元代交椅是陈设在厅堂的高档家具，一般与椅披配合使用，有的也披兽皮，甚是豪华。

明式交椅承袭元代交椅的形制，有圆后背交椅与直后背交椅之分，用材以黄花梨为贵。由于清代居室中有许多种豪华、舒适的椅式，交椅有失风雅，遂被逐渐淘汰。清代宫廷中也有交椅，但仅作为卤簿仪仗中的器物偶尔使用，制作精致，雕饰繁缛，华丽富贵。

《蕉荫击球图》中的圆后背交椅　佚名（宋）

《李端端图》中的直后背交椅　唐寅（明）

交椅不仅在室内使用，因携带方便，还适合于流动性强的生活方式，常在野外郊游、围猎、行军作战时使用

搭脑
搭脑为圆形。明清交椅常在搭脑中加可装卸、翻转的圆轴状托首。有的搭脑中部设有一个荷叶形的托首，适宜休憩

雕刻牙子
多安装在扶手、靠背和搭脑之间交接处、椅盘之下、腿足之间，雕刻有吉祥图案

椅圈
曲线弧度柔和、流畅，又叫"月牙扶手"，由"三接"或"五接"榫接而成

靠背
竖向靠背，透雕吉祥图案。清以后，靠背板有直板也有曲线板，多施以浮雕花纹加铜饰件，艳丽夺目

椅面
多以麻绳或皮革制成

脚踏
雕刻有几何形式的图案

腿
两腿相交，可以开合折叠

黄花梨木圆后背交椅（明）

靠背上的麒麟纹
麒麟也写作"骐麟"，是古代传说中的一种瑞兽，与凤、龟、龙共称为"四灵"。麒麟纹是古代装饰中常见的装饰纹样，寓意吉祥、事业有成。明清时期，麒麟纹作为吉祥图案运用广泛，然在构图和形象刻画上存在一定的差别：明中期的麒麟纹采用卧姿，前后脚都跪卧在地；明晚期至清早期的麒麟纹多为坐姿，前腿伸直，后腿跪卧在地；清代康熙以后的麒麟纹采用站姿

◆ 其他椅

除了前文介绍的几种椅子外，还有屏背椅、花篮椅、轿椅、鹿角椅、禅椅、独座、躺椅、三角椅等造型独特、工艺精美的椅子。它们中既有明式椅和清式椅，也有中西结合的椅式，还有欧式洋椅，在传统椅中独具特色，别开生面。

屏背椅

屏背椅是明式靠背椅的基本式样之一，椅子的靠背做成屏风式。屏背椅有"独屏背"和"三屏式"等。椅背整体为一方框，中部方形透光处还会雕刻山水、花鸟、云石等纹

三屏式屏背椅（明）

花篮椅

花篮椅出现在清代中期，是一种靠背上有雕花装饰的扶手椅。搭脑两端与后腿交接，不出挑，浑然一体，搭脑上也有雕刻花纹的

花篮椅（清）

轿椅

轿椅和圈椅相似，腿足很短，可以抬起来行走。使用时需要加上底盘，穿上轿杆，前后各一人肩扛台杠便可行走，为古代富贵人家出行时乘坐的代步工具

轿椅（明）

鹿角椅

鹿角椅是满族人用鹿角和木材制成的椅子，专供首领坐用。清朝统治者入关后，每年都在木兰围场举行盛大的围猎活动，打猎所获的鹿角均为皇帝制作成鹿角椅。清代从顺治至嘉庆年间的皇帝中，除雍正未做过鹿角椅外，其余四个皇帝都做过鹿角椅

清式鹿角椅

禅椅

禅椅是供僧人盘腿打坐的椅子，比一般扶手椅宽敞。明代午荣《鲁班经》记载禅椅式："一尺六寸三分高，一尺八寸二分深，一尺九寸五分深（大）。上屏二尺高，两力手（扶手）二尺二寸长，柱子方圆一寸三分大，屏上七寸，下七寸五分，出笋（榫）三寸（分），斗枕头（斗形的椅脚头）下盛脚盘子（指搁脚的弧形踏板），四寸三分高，一尺六寸长，一尺三寸大，长短大小仿此。"

禅椅（清）

独座

　　独座从宫廷所用的宝座演变而来，是在清代园林和大户人家厅堂上使用的一种扶手椅。因厅堂高大宽敞，故这类椅子体积较大，其上常雕刻云纹、灵芝纹等，靠背上常嵌云石为装饰，是江南地区别具一格的椅式

独座（清）

躺椅

　　躺椅是一种靠背很高，又可大角度向后仰伸，椅座较长，带扶手的椅式，因人可仰躺在上面而得名。明代躺椅有的采用交椅形式，称为"醉翁椅"。民国躺椅属于欧式椅。海派家具中的躺椅多造型时尚，反映了人们崇洋、追求享受的心理

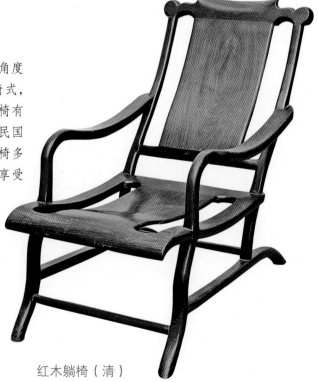

红木躺椅（清）

《梧竹书堂图轴》中的交椅式躺椅　仇英（明）　《桐阴清梦图》中的交椅式躺椅　唐寅（明）

三角椅

　　三角椅受西方家具的影响而形成，在器形和纹饰上都与明清扶手椅不同，但在纹饰上却有鲜明的中国纹饰特色。靠背与扶手连成一体，下有三根立柱相承，两柱之间各有一块瓶形的挡板，有"太平有象"的吉祥寓意。四腿足呈"三弯寸虎爪握珠"式，腿足上方刻有兽头。管脚枨均用车旋而成，采用十字结构

三角椅（近代）

凳是无靠背、无扶手的坐具，在古代又称为"杌"，源于汉代北方少数民族传入中原的"胡床"。后来，杌专指无靠背、可折叠的凳。凳主要由最高处的面板和下面带的腿足构成，供人坐憩及摆放物品之用。

凳在汉代还不是坐具，汉代刘熙《释名》记载："榻登，施大床之前，小榻之上，所以登床也。"可知，凳在汉代只是登床踏具。后来，人们将其加高变成了坐具。唐代出现了方凳、长凳、月牙凳等新家具。两宋时期，凳有长方凳、方凳和圆凳三种。明代有春凳、靠凳、螺钿凳等。目前我们见到的明式凳和清式凳大致分为长凳、方凳、长方凳和圆凳。以有无束腰来区分，有束腰的用方材，无束腰的方材、圆材都有。凳面的板心有瘿木、硬木、漆面板、藤、席、大理石等材质。

◆ 长凳

长凳指狭长无靠背的坐具，有条凳、二人凳和春凳三种。

条凳形制

条凳

条凳一般用硬杂木制作，独板凳面，窄长，大小长短不一，四足起线，四周饰以牙子，吊头，有侧脚，可供两三人同坐。

条凳中，面板厚寸许，尺寸较小，多用柴木制成的称为"板凳"；面板较厚，尺寸稍大，既可坐人也可承物的称作"大条凳"；笨重长大，放在大门道里的称为"门凳"

二人凳

　　凳面比一般条凳宽，长约 1 米，可供二人并坐。其形制与条桌、条案的形制基本相同，只存在高矮的差别，因而可以相互参照

二人凳和方桌

《蚕织图》中的二人凳

佚名（南宋）

春凳

　　春凳原来的名称可能是"蠢凳"，言其大而笨重，民间记作"春凳"。清代江淮地区又叫"桯凳"。古代民间的春凳还是一种嫁妆。女儿出嫁时，将被褥置于春凳上，贴上喜花，请人抬着送进夫家。

　　春凳长约 1.5～2 米，宽约 50 厘米，较长凳面宽，形似炕几，可容三五人坐，也可睡卧，或者陈置器物。春凳一般用硬杂木制作，四边加牙子，有吊头，凳面常采用攒边做法，薄膛或棕藤心屉面，常成对摆放在床前

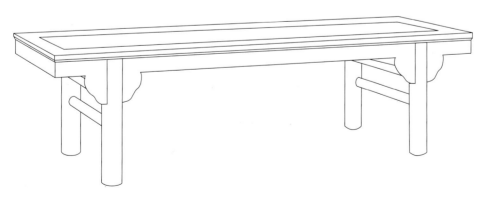

春凳形制

◆ 方凳

　　方凳指凳面为正方形，面下有四足的凳子。大方凳面约有两尺见方，小方凳不足一尺。方凳有束腰和无束腰之分。有束腰方凳常在腿间安直枨或者罗锅枨，腿足有三弯腿、鼓腿彭牙式和直腿内翻马蹄式等，有的腿足下还带托泥。无束腰方凳多为直足直枨式，简单大方。

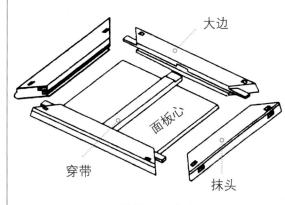

镶平面示意图

- 大边
- 面板心
- 穿带
- 抹头

落塘面
明清家具工艺术语。采用攒边法制作面板时，心板四周出斜边嵌入边抹槽口中，苏州木工将板面低于边抹平面的做法叫"落塘面"。座面呈下凹式，四周用木板，中间镶板或嵌软屉

矮老
矮老又称"矮柱"，常与罗锅枨配合使用，起支撑凳面和固定腿足的作用，常成组使用，多用在低束腰或无束腰的椅、凳或桌子上

藤屉
采用藤编织而成的软屉，织有细密的花纹

卡子花
灵芝纹卡子花将写实纹与几何纹相结合，赏心悦目

罗锅式裹腿枨
裹腿枨指凳腿的横枨从腿外部包裹住腿足。横枨又呈中部高、两头低的罗锅式，故为"罗锅式裹腿枨"

腿足
为圆材，与凳面以榫卯相接

藤面裹腿枨方凳（清）

镶平面
采用攒边法制作面板时，家具面板与边抹攒合时同处一水平面。多见于明清家具中的桌凳、几案类家具中

边抹
桌面、凳面等用攒边的方法做成的方框，大边和抹头的合称

凳面
木面，还有席面、藤面等

霸王枨
方凳、方桌上一种不用横枨加固凳足的榫卯结构，为S形，上端与凳面的穿带相接，用销钉固定，下端与凳足相接。装配时，将霸王枨的榫头插入腿足上的榫眼，向上一拉，就会勾挂住，再用木榫固定住

牙子
凳或其他家具面框下连接两腿的部件。有束腰的家具束腰以下部位叫牙子，在其他部位的一般叫"牙条"

内翻马蹄足

束腰马蹄足小方凳（明）

椅凳

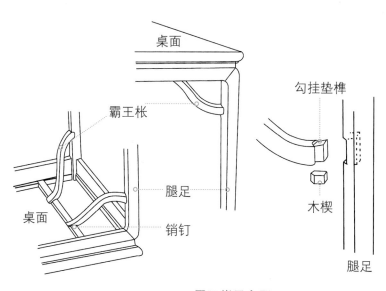

桌面

霸王枨

桌面

腿足

销钉

勾挂垫榫

木楔

腿足

霸王枨示意图

55

◆ 长方凳

长方凳比条凳短，凳面多为独板，四腿侧脚明显，俗称"四劈八叉"，只能坐一人。长方凳的结构有束腰和无束腰之分。束腰长方凳的足一般为内翻或外翻马蹄足；无束腰长方凳为直腿，足端没有任何装饰。

◆ 圆凳

《纺车图》中的长方凳　王居正（宋）

圆凳又名圆杌，因坐面为圆形而得名。其腿足有三足、四足、五足、六足和八足，分为方足和圆足两种，多带束腰。凳面为圆形、梅花形或海棠形。方足圆

凳的基本式样为内翻马蹄、罗锅枨或贴地托泥，凳面、横枨等也采用方边、方料。圆足圆凳以圆取势，边棱、枨柱和花牙圆润流畅，不出棱角。

红木狮纹嵌大理石圆凳（清）

梅花形凳面内镶浅粉色大理石，框边沿饰一圈乳钉纹。束腰与三弯腿之间的牙子上浮雕葡萄纹。四腿的上端雕刻狮面纹，中部雕花卉纹。四根管脚枨相互交叉，与凳腿相连。兽足向外撇

红木蝙蝠纹圆凳（清）

在我国传统的装饰艺术中，蝙蝠纹寓意幸福。民间艺人运用"蝠"与"福"字的谐音赋予蝙蝠的飞临以"进福"的寓意，希望幸福自天而降

西番莲纹

西番莲纹是指从西洋传入的一种花卉纹饰，出现在清代家具中。这种花卉的花朵像牡丹，有人称"西洋莲""西洋菊"，匍地而生，花色淡雅，自春至秋相继不绝。在家具中常作缠枝花纹，多作边缘装饰

紫檀木海棠式圆凳（清）

凳面为海棠式，光素平滑。有束腰，上饰以花卉纹。束腰与腿之间的牙子及腿足上浮雕西番莲纹，十分精美。彭牙鼓腿，如意足

紫檀木

晋人崔豹《古今注》记载："紫栴木，出扶南，色紫，亦谓之紫檀。"紫檀属豆科中的一属，木质坚硬，色赤，入水即沉，是世界上最珍贵的树种之一，主要产于热带地区的美洲、非洲、东南亚、南洋诸岛、印度等，我国两广与云南也有栽种，但数量不多。在明清紫檀家具中，能见到的紫檀木有牛毛紫檀、鸡血紫檀、金星紫檀、花梨紫檀等。明代紫檀家具一般采用光素手法，很少满身雕工。清代紫檀家具上多采用雕刻工艺。

印度小叶紫檀切面

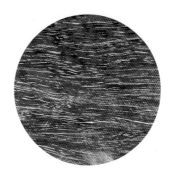

紫檀木切面

色重，从紫红到墨紫；棕眼细且长，有些弯曲，像牛毛；硬度高，在背暗处用指甲掐之无痕迹

◆ 其他凳

除长凳、方凳、长方凳和圆凳外，人们还根据日常生活和生产的需要设计出一些特殊形制的凳子。这些凳子有起按摩作用的滚凳、榨汁用的榨凳、供农人拔秧苗的秧凳、磨刀用的磨刀凳等，多为民间家具，具有很强的实用性，深受普通老百姓喜爱。

滚凳

滚凳是一种脚踏，在明代还被单独列为一种家具。滚凳和一般脚踏不同，脚按压滚凳能活动筋络，促进血液循环，利于人体健康。明代高濂《遵生八笺》记载："今置木凳，长二尺，阔六寸，高如常，四柱镶成，中分一档，内二空中车圆木二根，两头留轴转动，凳中凿窍活装，以脚端轴滚动，往来脚底，令涌泉穴受擦，无须童子，终日为之便甚。"其中所说木凳即指滚凳。明代文震亨在《长物志》中也将滚凳列为专条，所记与《遵生八笺》相似

明万历本《忠义水浒传》插图中的滚凳

黄花梨木滚凳（明）

此滚凳束腰，内翻马蹄足，面板被中枨一分为二，留出长条空当，安装两根中间粗、两端细的活轴

榨凳

　　榨凳凳面设有两根立柱，中加横枨。另有一压板，似一把球拍，从顶端插进横枨下，借鉴了杠杆的原理。

　　榨凳多用来榨甘蔗，凳面倾斜一端，凿有圆槽，和流口相通，使榨出的汁液顺着槽流到凳下面的容器中

榨凳

月牙凳

　　月牙凳是唐代家具新品种，是在佛教坐具上的变形。座面呈月牙形，三足或四足，足部向外鼓。座面运用彩绘装饰，配以编织的坐垫等，美观舒适；座面下边缘与腿足雕有精美纹饰，有的甚至包金贴银，尽展富丽、华贵之风；两腿之间坠以彩穗装饰

《宫中图》中的月牙凳　杜堇（明）

墩

墩是一种无靠背的小型坐具，圆形，腹部大，上下小，造型很像古代的鼓，又名"鼓墩"；又因古人常在坐墩上铺锦披绣，故又叫"绣墩"。坐墩可用草、藤、木、漆木、瓷、石等材料制成。

汉代坐墩多用竹藤制成。五代出现了绣墩。宋代时，坐墩上有源于藤墩的圆形开光和鼓腔钉蒙皮革的鼓钉。明式木制坐墩有四开光、五开光之分，以五开光为流行式样，传世极少。清式坐墩的样式较明式多，有圆形、海棠形、多角形、梅花形、瓜棱形等多种。从造型上看，明式坐墩造型敦实，清式坐墩比明式坐墩秀气，坐面也比较小，尤其是圆形坐墩。清式坐墩雕饰华美，适宜陈设在大房间，有很好的装饰效果。

五彩双龙花卉纹瓷墩（明）

《雍正妃行乐图》中的绣墩　佚名（清）

《听阮图》中的藤墩　刘彦冲（清）

落膛踩鼓

采用攒边法制作面板时，让板心嵌装在大边、抹头组成的框架的槽口之中，四周减薄，中间高起约 0.5 厘米，略微外鼓，有力量感。北京匠师叫"落膛踩鼓"，苏州匠师称"起兜肚"。

鼓式五开光坐墩（明）

墩面
镶圆形板心，有的墩面为藤编软屉。板心因采用"落膛踩鼓"做法，略外凸

弦纹线脚
上下鼓钉之间各起一道弦纹线脚

鼓钉纹
明代坐墩上还保留着鼓钉纹，圆润的鼓钉纹微微凸起

弦纹
开光边缘和上下彭牙之间有两道弦纹

墩底
墩底多为一木连做，底座用圆形料整圈挖出，连接墩体，下接五个小龟足

开光
开光是在墩身上做不同形状的亮洞，便于挪动时搬抬。此开光为圆角长方形

明式直棖式坐墩

圆形坐墩（清）

直棖式坐墩是用小木料上下相间榫结制成的，在墩壁面形成长条形方孔，没有圈口。座面及底座边缘各起一道鼓钉纹

◆ 杌

"杌"字见南朝顾野王《玉篇》："树无枝也。"明代黄一正《事物绀珠》中有"杌，小坐器"的记载。可见，"杌"专指没有靠背一类的坐具，不同于有靠背的"椅"。

交杌又称"交床""马扎"，是一种可折叠的方形坐具，从胡床演变而来，由于携带、存放方便，千百年来一直被人们广泛使用。交杌以脚踏式交杌和上折式交杌为代表。

杌面
多用绳索、丝绒或皮革条带等材料制成。有的杌面则施雕刻，加金属饰件。上折式交杌的杌面由两方可以折叠，中间安有直棖的木框制成

横材
共四根，由方材制成。杌面横材的立面浮雕有卷草纹

杌腿
用四根圆材制成，用来穿铆轴钉的断面呈方形，给人坚实之感

黄花梨木带踏床交杌（明）

杌多用柴木制成，黄花梨木制者极少见。这件交杌制作精美，保存完好

踏床
位于正面两足之间，上面钉有铜饰件，两端有插入足端卯眼中的圆轴，使踏床能被折起

胡床

胡床是西北游牧民族使用的一种便携坐具，造型简单，张开时可做坐具，合起来可提可挂，携带方便。

胡床在东汉后期传入中原。三国时，贵族在郊游、打猎时使用，甚至军队将领指挥作战时也坐胡床。《三国志·魏书·武帝纪》注引《曹瞒传》说："公犹坐胡床不起，张郃等见事急，共引公入船。"晋代时，胡床使用更为普及。《晋书·五行志》说："泰始之后，中国相尚用胡床。"在北齐《校书图》中也画有胡床，画中樊逊坐在胡床上，全神贯注地校书。

胡床因结构简单、实用方便一直在民间流传，发展成为我们现在还在使用的马扎。

桌案

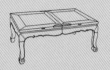

　　桌案类家具是中国传统家具中品种最多的一类，分为桌、案、几三大类别。人们常将它们并称，如明代张自烈《正字通·木部》中"桌，呼几案曰桌"就将桌、几、案混为一谈。其实它们是有区别的：桌子的四条腿都在桌面的四个角上，并与桌面垂直；案的四条腿不在四角，而是往里侧缩进；几则较桌、案在形制上要小得多。

　　从桌案的种类上分，桌有方桌、长桌、圆桌、供桌、炕桌、酒桌、琴桌、棋桌等；案分为平头案、翘头案、架几案、供案等；几可分为凭几、炕几、茶几、香几、花几、套几、搁几等。

桌在古代也写作"卓",取其高而直立之意,是一种上有方形、长方形、圆形等多种形状桌面,下有腿足的家具。桌多为木制。

汉代出现了矮形桌,摆置食具和酒具。桌的大量出现是在五代以后,而且和多种椅凳类家具配合使用。隋唐五代和晚唐时期的桌子形象在一些壁画中也常有出现。宋代出现了高型桌子,桌椅组合流行,出现了一桌一椅、一桌二椅、一桌三椅甚至一桌多椅等多种组合方式。元代出现了带抽屉的桌子。明清时期,桌的式样更多,用途也各不相同。

如放在炕上或床上使用的叫"炕桌";为弹琴而设的桌叫"琴桌";为下棋而设的桌叫"棋桌"。诸如此类的还有茶桌、酒桌、书桌、画桌等。这类桌子因用途不同,在造型结构上略有不同。其中,尺寸较矮的桌和带抽屉的桌逐渐多起来,成为清代家具的发展倾向。

◆ 方桌

方桌是桌面为正方形的桌子,规格有大小之分:尺寸大者叫"八仙桌",中等者叫"六仙桌",尺寸小者叫"四仙桌"。

敦煌壁画《庖厨图》中的方桌

图中一个屠夫站在高桌前切肉,旁边还有一方桌。两桌造型一致,这是截至目前我们见到的最早的方桌形象

方桌有带束腰和不带束腰两种，桌腿略高且呈圆形，四周边为单枨或双枨，有的还在横枨之间加以竖向的矮老，也有的仅在桌面相对两边施用横枨或在桌腿上部采用封闭的板形桌面。桌腿与面板通常以透榫或半透榫的结构形式结合。还有少数高脚方桌采用雕花和嵌牙板工艺，使桌子更加精美华丽。

明式方桌常见式样主要有无束腰直足、一腿三牙、有束腰马蹄足三种。

方桌是古人家中必备的家具，可贴墙放，靠窗放，贴着长桌案放，或居中放在室内，一般配置四把方椅或方墩。

桌面
桌面呈正方形，由较厚的木板攒框打槽拼成。面心板用大理石制作，镶于槽框中，反面榫接两根托带，以增强桌面的承重

高拱形罗锅枨
罗锅枨早在元代就运用在方桌的结构造型之中。高拱形罗锅枨为圆混面，中部高高拱起，紧贴牙条安装

一腿三牙
四条桌腿中的每条腿都和腿的左右牙子以及与桌面成45°角的托角牙子相交，故名"一腿三牙"，是明式家具一个独特的造型样式

甜瓜棱
甜瓜棱桌、柜等家具的腿足上起棱分瓣一类线脚的统称，是明式家具常用的线脚之一

桌腿
四条腿，为方料制作，也有圆料制作，腿足无任何装饰，起棱分瓣

黄花梨木方桌（明）

此方桌的特点是一腿三牙罗锅枨，是明式最有代表性的桌式。这种桌不用束腰，也不用矮老，足端无装饰，且多用圆料。桌面边框较宽，四条腿缩进安装，每一条腿均与三块牙子相交，每两条腿足之间又装有一根罗锅枨。腿的缩进安装和高拱罗锅枨使桌下的空间加大，便于人们使用

黄花梨木方桌（明）

此方桌的特点是在牙条以下的腿足之间安装罗锅枨和卡子花，与桌牙、束腰共同来支撑桌面

榉木方桌（明）

此方桌造型清秀，结构扎实，方腿带束腰霸王枨增大了桌子下部的空间，是尽量减少表面构件而用的一种做法。每个桌子角内侧的"S"形霸王枨将腿和桌面穿带连接起来，起到了固定作用

六方桌（清）

六方桌是桌面为正六边形、有六条桌腿的桌子。因其形状在方桌与圆桌之间，使用时每人据一直边，较之圆桌的圆边更加舒适，也没有方桌的直角碍事

榉木

榉木主要分布于我国淮河以南各地,属榆科,高可达 25 米。榉木耐水湿,质地细密,有明显而美观的纹理。榉木是我国明清民间家具主要用材,江南有"无榉不成具"的说法。明代李时珍《本草纲目》记载:"榉材红紫,作箱、案之类甚佳。"

榉木切面

纹理美丽,有光泽,像花梨木的纹理

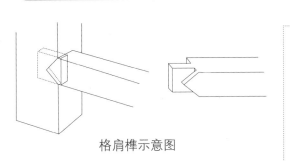

格肩榫示意图

桌面
桌面呈方形,每边可坐二人,八人围坐于四边,称为"八仙桌",是清代流行的桌式

拐子龙纹牙子
拐子龙纹是源于草龙纹而形成的一种独特的龙纹,龙头为方圆形,转角处多呈方角,线条挺拔、硬朗,常作为家具的装饰纹样

红木方桌(清)

格肩榫
格肩榫是传统家具中用于横竖材料相交时的一种榫卯结构,是将榫头外面的格肩部切割成等腰的三角尖,在另一木料卯眼上面挖出和三角尖格肩一样的缺口,然后相交拍合。格肩榫分为"大格肩榫""小格肩榫"和"虚肩大格角榫"

关刀脚
明清家具的一种足式,直腿,勾脚,脚头为钩形,被江南工匠俗称为"关刀脚"

67

◆ 长桌

长桌又称"条桌"，是桌面为长方形的桌子。长桌桌面的长宽比超过 3：1，桌式与方桌相同，桌腿与桌面垂直，腿不向里缩进，有无束腰、有束腰、高束腰、四面平等样式。长桌的体积不大，可随意摆放，使用方便，是明清时期最为常用的一种桌子，深受各个阶层人士的喜爱。古代文人雅士所用的书桌、画桌也属于长桌。

黄花梨木霸王枨长桌（明）

此桌的特点是霸王枨和关刀脚，造型简洁，结构合理，坚实耐用

桌面
桌面为长条形，边抹多用格角榫攒框打槽，将面心板镶入槽框中。清式长桌常在桌面板下装托带和大边相接

托腮
托腮是束腰与牙子之间的一根起装饰和加固束腰作用的木条。北方工匠称之为"托腮"，南方工匠则称其为"迭刹"。托腮多做成挺括的线脚，或与牙子一木连做，或分做另装

紫檀木雕云龙纹长桌（清）

腿足
外翻马蹄足

裹腿牙子
牙子采用裹腿做法，一圈牙子位于腿子外侧。牙子上浮雕繁缛的云龙纹装饰。浮雕纹饰还遍及桌面侧面、束腰及整个腿足

冰盘沿
长桌桌面边缘多起冰盘沿线脚，像瓷盘盘边的轮廓线，上部喷出，下部收入，是明清家具常用的线脚之一

《女孝经图》中的单枨式长桌　佚名（宋）

　　宋代流行的长桌桌式为长方形桌面，圆柱形桌腿，前后为单枨或无枨，两侧为一层或两层横枨，桌面与腿之间有牙子装饰，造型清秀

紫檀木束腰长桌（清）

束腰雕花长桌（清）

69

书桌是用于读书、写字、作画的长方形桌子，其造型经历了明式书案到清式书桌再到民国写字台的演化过程。

《列女传》中的书桌（明）

红木架几式书桌（清）

此桌分为桌面部和架几部。桌面宽大，四面平，嵌大理石面心板。除设有一排抽屉外，还在两边架几之上设有一个抽屉，抽屉面设有金属拉环，与桌面平齐。抽屉管脚枨中间攒接冰格纹，南方匠师也称其"踏脚"

花梨木雕云龙纹书桌（清）

清代书桌不同于多采用案式结构的明代书桌，桌面多为长方形，尺寸一般不大，在结构上采用桌式结构，有几个抽屉的书桌已经十分普遍。特别是清代中期以后，受西洋家具的影响，出现了写字台式的书桌。其中尺寸特大者采用了类似架几案式的结构，做成可装配式的三件套，其下还备有踏板

图国
典粹

家具

《雍正妃行乐图》中的黄花梨木嵌大
理石面书桌　佚名（清）

此桌用料为黄花梨木，面心嵌
大理石，束腰，内翻马蹄足，攒拐
子构件，是典型的明式家具

古代民间读书桌

这种读书桌是专供民间孩子读
书写字所用，像小型的平头案，桌
面下腿足间常置有抽屉或隔堂

宋美龄、蒋介石南京故居书房中的
写字台（民国）

民国时期，书房专用于读书、
写作，也兼作客厅，书房内摆放着
书桌、书柜、转椅、沙发等家具。
民国的书桌样式较多，多为欧式风
格。有一类海派老红木书桌具有典
型的欧式风格，雕花装饰都是欧
式。还有一类用柚木制作的书桌
式样也很多，因上面装饰有许多
东西，故叫"台"。民国写字台一
律不配脚踏板。还有为女士专用的
小巧书桌

◆ 圆桌

圆桌是清代才开始流行的桌式，桌面为圆形，设六腿，彭牙，弯足。尺寸小的圆桌采用直腿，只设五条腿。明清

圆桌常由两张半圆桌拼成，也有制成独面的折叠圆桌和圆柱式独腿圆桌等。清代中期以后大圆桌流行，有的可围坐十几人至二十人。

束腰
高束腰，有的圆桌束腰中间挖有一排透光的海棠门洞作为装饰

桌面
由两张半圆桌拼接而成

牙条
彭牙，浮雕狮子绣球纹

红木雕狮拼圆桌（清）

圆桌寓意团团圆圆，符合中国古代哲学的"周而复始，生生不息"的哲学精神，自古以来就受到人们的青睐

脚踏
由两个半圆拼成，透雕几何形式的冰格纹，简洁空灵，脚踏下有四腿，腿足之间安有素面牙子

牙条上的狮子戏球纹
狮为百兽之王，是权力与威严的象征。狮子戏球纹是传统的吉祥纹样，通常以气势威猛的雄狮构成，多用于家具、建筑细节的装饰

三弯腿
此桌共六条三弯腿，遒劲有力。腿从肩至足收分很大，上粗下细，中部雕刻龙纹，腿足外翻，足端刻虎爪抓珠

画桌

　　画桌桌面略比普通的长桌宽，是专用于作画的长桌。画桌一般制作精美，显示出高雅的艺术性，不设抽屉，方便人站起来绘画。摆放画桌时，常把桌的纵端靠窗放，明亮的光线不仅适于作画，还为桌前的人牵提纸绢提供了方便。

《西园雅集图》中的画桌　马远（宋）

桌案

圆柱式独腿圆桌（清）

　　此桌造型优美，桌面下正中呈独腿圆柱式，圆柱上有托角花牙支撑桌面，下有站牙抵住圆柱，并和下面的踏脚相接，支撑稳固起桌面。上、下两节圆柱以圆孔和轴相套接，使桌面可自由转动。踏脚透雕朵云纹下有龟足，灵巧地承托起踏脚

月牙桌是桌面为半圆形的桌子，像一弯新月，委婉怡人。月牙桌多为四条桌腿，有三弯腿、直腿、蚂蚱腿等不同的腿式，腿下有马蹄足或踏脚枨。有有束腰和无束腰之分。两张半圆桌可拼合成一圆桌，分开时可以单独靠墙放置，扩大了室内空间的利用率。

桌面
用弧形木栓榫接成月牙形，内侧打槽镶装石面，然后漆灰填缝，形成平滑的桌面

牙条
透雕成几何形的十字纹，连接起腿足和桌面，简洁空透，使桌面下部显得透亮

蚂蚱腿
桌腿中间雕出花翅，凸出于腿子的直线之外，像蚂蚱带刺的腿，故名

腿足
外翻马蹄足，承托起桌子

楸木石面月牙桌（清）

踏脚枨
直材，呈半圆形，和半圆形桌面统一，将四条桌腿连成一个整体，加大了腿部间的牢固性，使桌腿不易错动

楸木

楸木又名"金丝楸""梓桐""小叶梧桐"，落叶乔木，原产中国，生长在黄河流域，南方地区也多见，是制作床榻、柜橱和架格等大件家具及桌案等小件家具的常用木材

楸木径切面

楸木材质优良，棕眼排列平直，纹理清晰，新切面木质较为粗糙，色泽暗淡，质地松软，少有光泽

红木雕狮纹嵌大理石面月牙桌（清）

清式月牙桌有半圆形和四角形等，多见四足，少见三足，富于雕饰，雍容华贵

图国粹
家具

圆桌的摆放

　　圆桌作为厅堂中常用的家具常和圆凳或坐墩组合摆放。一张圆桌和五六个圆凳或坐墩组成一套摆在厅堂正中，用来待客或宴饮，颇为雅致

◆ 供桌

　　供桌是年节时供奉祖先，或寺庙中用来陈设祭品，放置壶、杯、盘等祭器的桌子。民间使用的供桌按照用途来定名，式样没有什么特别之处。寺庙祠堂中所用供桌形制高大，有金漆或雕刻装饰，专放祭品。

榉木供桌（明）

《六尊者像》中的供桌 卢楞枷（唐）

此桌高束腰，腿部运用壸门装饰，通体雕花，显得厚重而精美

苏州同里退思园荫余堂正厅的家具摆设

供桌是苏州古典园林厅堂中常见的一种家具，多置于供案之前，两侧摆放一对太
师椅

红木灵芝供桌上的灵芝纹

灵芝被人们视为仙草，是祥瑞的征兆，常被用作家具上的装饰纹样。桌案上的绦环板上常透雕灵芝纹，枝叶卷转，匀称妥帖。灵芝纹中较常见的是"螭虎闹灵芝"图案：灵芝枝叶缠卷，纤长似卷草，螭虎奔驰其间。另外，架具中的衣架、盆架的搭脑两端也常圆雕灵芝纹作为装饰

红木灵芝供桌（清）

红木八仙供桌（清）

红木八仙供桌上的八仙纹

八仙纹是指汉钟离、吕洞宾、铁拐李、曹国舅、蓝采和、张果老、韩湘子、何仙姑八位仙人组成的纹样。"八仙过海"和"八仙庆寿"是民间流传的八仙故事中最为有名的，常作为寓意吉祥的图案广泛用于家具装饰

◆ 炕桌

炕桌是在炕上、榻上使用的矮形家具。炕桌的尺寸不大，长、宽的比例约为3:2，式样却很多。有的采用桌形直腿和案形云纹牙板的做法，也可采用凳子的结构，如有束腰的彭牙鼓腿、三弯腿，无束腰的一腿三牙、裹腿、裹腿劈料做等。

清代炕桌的形式较多，多带有抽屉，还有采用折叠腿、活腿等地下、炕上两用的炕桌。宫廷或官宦人家的炕桌制作十分考究，使用方式也相对固定，主要放于炕床一侧或坐榻中间。民间炕桌则讲究实用，制作比较古朴简单，使用也较灵活，白天放于炕上，晚上放于地上，夏季时还可放于室外庭院中作地桌用。

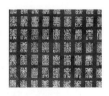

红漆嵌螺钿百寿字炕桌桌面上螺钿的"寿"字
清代螺钿是厚、薄并存，镶嵌更加细密如画，还采用了金、银片。桌面中间共螺钿"寿"字120字，边沿嵌螺钿"卍"字锦纹地，寓意万寿无疆

红漆嵌螺钿百寿字炕桌（清）

此桌桌面螺钿寓意吉祥的"寿"字，侧沿螺钿连"卍"字纹，面下束腰，嵌团寿及长寿字纹，牙条及直腿螺钿蝙蝠、寿桃、团寿及方寿纹，寓意福寿双全。内翻马蹄足

黄花梨木横枨炕桌（明）

此桌特点是裹腿和裹腿劈料。裹腿是在横枨与腿结合处，将横枨的内侧与腿以榫接合，外侧两条横枨对头衔接，裹住腿柱。劈料做法是把材料表面做出两个或两个以上的混面，俗称"劈料作"，多见于明清家具。此图裹腿即为二劈料

束腰马蹄足彭牙鼓腿炕桌形制

此桌四条腿在束腰下向外伸出，形成拱肩，然后又向里弯转形成弧形，下端削出内翻马蹄足。边牙不是垂直向下而是随着腿的拱肩向外张出

黄花梨木束腰齐牙条三弯腿炕桌（明）

此桌为典型的三弯腿炕桌，上部与彭牙鼓腿做法相同，唯四腿向里弯转后又来个急转弯向外翻出。牙子浮雕龙纹，腿子的肩部雕兽面，足端刻虎爪

高束腰加矮老装绦环板炕桌（近代）

炕桌中有高束腰式，在腿子上端露明，露明的高度即束腰的高度。高束腰常采用加矮老装绦环板、浮雕或透雕等多种装饰手法，以取得不同的装饰效果。此炕桌束腰部分加矮老，嵌装浮雕海棠纹的绦环板，甚为简洁

明式黄花梨折叠式炕桌形制

折叠桌是宋代出现的新家具，结构类似胡床。有的折叠桌采用交足支鼓架的连接方式，与搭扣的连接方式所不同的是其面板与交足是完全分离的，使用上更加方便

酒桌

酒桌源于唐宋时期的四足炕桌和炕案，因常在酒宴中陈置酒肴而得名。

明式酒桌是一种形制较小的长方形案，比炕桌略大些，带有吊头，比一般的桌子要矮一些，采用案式结构（主要是夹头榫、插肩榫两式），桌面下前后两面只设牙条不设横枨，或用高拱罗锅枨，以保持酒桌下有较大的空间。有的桌面下设有双层隔板，用来放置酒具。两个侧腿之间则设双枨，以保证酒桌的结实。

明代宴饮，一张酒桌供主客两人共用，客人多时才人各一桌。

清代的桌子式样繁多，圆桌、半桌等多用型桌和炕床、炕桌、炕几类家具在功能上可代替酒桌，故明式酒桌在清代极少。清代康熙以后，酒桌就慢慢淡出了人们的视野。清代中期，人们喜欢多人围坐大圆桌宴饮。清代宫廷设宴，依照历代大宴席地而坐的惯例，使用一种较矮但略高于炕桌的"宴桌"，用料高档，做工精美。

柞木酒桌（明）

明代李时珍《本草纲目》记载："此木坚韧，可为凿柄，故俗名'凿子木'。方书皆作'柞木'。"柞木又称"高丽木"，是中国传统家具的珍贵木材之一，木质硬，制成家具后通常不上色，不髹漆，经打磨上蜡后，即可达到光素清雅的效果。柞木做成家具时，色泽呈浅杏黄，在使用过程中，会慢慢变得红褐光亮，纹理清晰美观，包浆效果极佳

《韩熙载夜宴图》中的酒桌　顾闳中（五代）

拦水线

酒桌的桌面四周常设有一道阳线，叫"拦水线"，防止酒肴倾洒时流下弄湿衣服

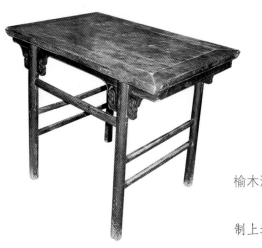

榆木酒桌（清）

此桌是清代早期的酒桌，在形制上还是典型的明式酒桌式样

半桌

半桌是桌面为半张长方桌大小的桌子。古代酒宴上，当一张八仙桌不够用时，常用半桌来拼接，故又名"接桌"。半桌的长度和八仙桌差不多相等，宽度则超过半张八仙桌。

半桌比酒桌高且宽，桌腿位于四角，常见样式有带束腰马蹄足和霸王枨两种。一张半桌可坐一人或二人，也可与八仙桌拼接成一张大桌，供十人使用。

黄花梨木展腿式半桌（明）

此桌造型独特，肩部以下有一段三弯腿外翻马蹄，其下才是光素的圆腿，腿足成鼓墩形。整体来看，此桌华丽妍秀：束腰似荷叶边波折的形状；正面牙条浮雕双凤朝阳、云朵映带；牙子以下安装龙形角牙；桌腿安雕灵芝纹的霸王枨，和角牙相映成趣

半桌（清）

此桌做工精美，束腰，桌面与桌腿间为格肩榫结构。桌沿下的牙子透雕拐子式云纹，玲珑剔透。方材直腿，回纹足

81

◆ 琴桌

琴桌是抚琴时专用的桌子，不包括大、小条桌。琴桌形体不大，比一般桌略矮；桌面似条桌，窄而长；桌四面饰有围板，下底由两层木板组成，其中留出透气孔，使桌子形成共鸣箱。

明代王佐《新增格古要论》记载："琴桌须用维摩样，高二尺八寸，可容三琴，长过琴一尺许。桌面用郭公砖最佳，玛瑙石、南阳石、永石尤佳。如用木桌，须用坚木，厚一寸许则好，再三加灰漆，以黑光为妙。佐尝见郭公砖，灰白色，中空，面上有象眼花纹。相传云，出河南郑州泥水中者绝佳。……砖长仅五尺，阔一尺有余，此砖架琴抚之，有清声，泠泠可爱。"琴桌大多采用维摩样，琴桌的桌面与腿足呈空灵宽厚之势，正面腿足间不加横枨，足端常做成马蹄形，讲究以郭公砖和玛瑙石、南阳石、永石等石为面，也有用厚木板制作的。文中提到的郭公砖产自河南郑州，空心，两端透孔，能增强琴声的音色效果。

《听琴图》中的琴桌　赵佶（北宋）

古代绘画中常会见到琴桌的样式，图中所绘琴桌面下设有音箱（以薄板作面，装进桌里，与桌面相隔3～4厘米，在桌里镂出两个古钱文），四周饰以精美花纹

黑檀木琴桌（清）

清代琴桌式样力求文雅，形制有平头式和书卷式，制作讲究，透雕繁复。多作为陈设，置于厅堂，依墙而设，以示清雅

红木琴桌（清）

明代文人设计的家具

明代以前也有文人参与家具设计的例子，但与明代相比就逊色多了。明代文人如曹明仲、屠隆、文震亨、高濂等都亲自设计了独具特色的明式家具，为明式家具的繁盛增添了动人的一笔。

书画家戈汕在《蝶几谱》中设计了可任意排列组合的蝶几；出身于书香门第的曹明仲在《格古要论》中设计了琴桌；著名戏曲家屠隆在杂著《考盘余事》中设计了折叠桌、折叠几、衣匣和提盒等郊游轻便家具；学士文震亨在《长物志》中设计了具有保健功能的滚凳；戏曲家高濂在《遵生八笺》中设计了二宜床（冬夏均可使用）和欹床（可调节高度）；著名戏曲家李渔在《闲情偶寄》中设计了凉机和暖椅。

◆ 棋桌

棋桌是一种专用于弈棋的方桌或长桌。明清时期的棋桌设计巧妙，制作精美，桌面能活动，一般为双套面，个别的有三层。下棋时拿下一层桌面，便会露出棋盘，套面之下有暗屉，用来存放棋具。不用时，盖上桌面可当一般桌子使用，这种棋桌在今天叫作"活面棋桌"，实际上是一种多用途的家具。

民国时期的棋桌源于英国棋桌，有洋式、海派、清式三类式样。棋桌配有四把靠背椅，适宜摆放在客厅，可打牌，亦可围桌饮茶、聊天。有的棋桌采用折叠桌面结构，不打牌时可将四角下折，桌面变为八方形。有的棋桌有翘起的装饰性结构，有的下面带有脚踏板，便于把脚放在上面。

《内人双陆图》中的棋桌　周昉（唐）

"内人"指宫中之人，"双陆"是一种始于魏晋南北朝、盛行于唐代的棋类活动。此画真实再现了唐代宫女打双陆棋的生活场景

棋桌

明清时期的棋桌，在桌边相对两边的左侧各做出一个直径和深度均为10厘米的圆洞，上面有小盖，以盛放围棋子

鸡翅木

鸡翅木是我国传统家具最常用的木材之一，因种子为红豆而被称作"红豆木""相思木"。鸡翅木还有"杞梓木"之称。明代文学家屈大均在《广东新语》中把鸡翅木称作"海南文木"。明代曹昭《格古要论》记载："鸡翅木出西番，其木一半紫褐色，内有蟹爪纹，一半纯黑色，如乌木。"

鸡翅木切面

鸡翅木色泽较暗，纹理美观，因其木质纹理酷似鸡翅羽毛而得名

晋式家具鸡翅木棋桌（明）

棋桌（近代）

红木竹节棋桌（清）

竹节纹家具是指用木料模仿竹器制作的家具。竹节纹饰出现于清初，竹节纹家具流行于清代中晚期，盛行于江南地区，受到苏式工匠的喜爱。朴实优美的竹节纹家具造型自然，得竹器之神韵，表现出独特的艺术效果

红木棋桌（清）

清式棋桌多选用老红木，做工精致。此桌面四周设有抽屉，牙子与桌腿交接处饰以拐子龙、灵芝等纹样，式样上明显有清式方桌的风貌

案是一种面为长方形、下有足的家具。《周礼·考工记·玉人》记载："案，十有二寸。"案多木制，在结构上的特点是：腿足不在面板的四角之下，而是安装在案两侧向里收进的位置上，而且两侧的腿间嵌有雕刻多种图案的板心和各式券口。

案起源于新石器时代，从战国到隋唐五代逐渐走向成熟。战国时期，案有陶案、木案、铜案等，面板有正方形、长方形、圆形等。木案的局部开始有铜扣件作装饰。秦汉时期，案用来承载饮食用具，上至天子下至百姓都是如此。魏晋南北朝时期，案的使用已细分为食案、书画案、奏案、香案等，案与几在功能和造型上也趋于统一，"几案"合称的情况已经很常见。两宋时期，因人们广泛使用桌子、椅子，传统的矮形几案除用于床榻上的几还保留传统造型外，大部分逐渐消失，但新出现的高足案已成为富贵家庭的厅堂陈设。明代时，案是用途最广的大型家具，主要有平头案、翘头案，一般陈设在大厅的正中。

◆ 平头案

平头案是放在书房中用来写字作画的案，案面尺寸较宽大，不做飞角，不设抽屉，两侧加横杖，有的还有托泥装饰，连接结构有夹头榫和平头榫两种方式。

金银镶嵌龙凤青铜方案（战国）

河北平山县中山王1号墓出土。

铜案属于宫廷家具，是古代放置肉等祭品的礼器，也是实用器具。

此案制作华丽，动物造型生动，有极高的艺术欣赏价值。漆木案面已腐朽，仅存铜质案座部分。案座四沿饰有错金银云纹，四龙四凤缠绕盘结在一起，龙头顶部的斗拱承接着方形案面，龙凤下面接着圆圈形底盘。盘缘同样饰有错金云纹。圆圈盘外接四只梅花鹿，鹿体也满饰错金银纹饰

铜案（战国）

　　湖北枣阳九连墩1号墓出土。

　　此案为目前所见楚墓中唯一一件铜案，案面透雕精巧玲珑的几何纹饰，镂空的案面使残留于肉上的水不积存于案上

食案

　　食案是专用于放置食器的平面器具。唐朝颜师古对西汉史游《急就篇》作注曰："无足曰盘，有足曰案，所以陈举食也。"食案形如方盘，多为木制，案面常见等距排列的圆涡纹，方便摆放干果和食物，四角底部有矮足。先秦两汉时期流行小型食案，低矮、轻巧，案面四周设有拦水线，防止食物汤水溢出，适合人们席地而坐时持案进食。据《后汉书》中记载的举案齐眉的故事中盛放食器的器具就是指这种轻巧的食案。

　　下图的漆案为食案，长方形，木制胎骨，案内的云纹图案由絳红、黑漆组成，非常精美，线条流畅，色彩明晰。漆案案底铭刻"车大侯家"四字，表明墓主人的确切身份。

云纹漆案（西汉）

长沙马王堆汉墓出土

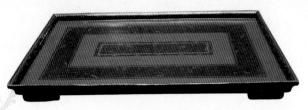

云纹漆案（西汉）

国粹图典

家具

《宫乐图》中的案　佚名（唐）

　　图中画有一壶门大案，配合着月牙凳一起使用。人们围坐在大案的四周，边宴饮，边弹唱，好不热闹

红木平头案（明）

　　此案牙子浮雕博古纹，腿足刻有回纹，简练典雅，古香古色

春秋木案形制

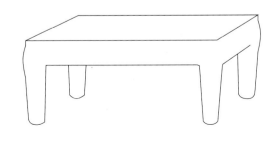

　　春秋木案案面由整块木材刳制而成，是案的早期形制。汉代木案有矮足案和高足案两类。矮足案有长方形和圆形盘式两种，周边通常起沿，并分别加垫脚或圆足。从汉画像和出土实物来看，四足长案与三足圆案是汉代案的典型样式

案面
平直光滑，采用攒边镶平面做法，案面板与边抹处于同一个水平面，两端没有装饰

夹头榫
夹头榫是匠师受大木梁架柱头开口、中央绰幕的启发而运用到案类家具中的榫卯结构之一。其结构为腿足在顶端出榫，高出牙条及牙头的表面，与案面底面的卯眼结合，将牙子嵌夹在腿足上端的开口内，把案面板的重量分散转移到四条腿足上

牙头
牙头位于案面下角上的短小花牙，常镂挖出各种纹饰

腿
四条腿上为双混面间两炷香线脚，混合面边缘起皮条线

托子
托子常见于明清家具，又称"足托"，是案足端着地的横木。托子下面剜出亮脚

圈口
案面两侧的前后腿之间镶有各种形状的镂空牙板，形成方形、圆形、海棠、壶门等式样的圈口

夹头榫平头案（清）

夹头榫平头案有多种式样：四足着地，足间无管脚枨；四足着地，足间有管脚枨；四足下安托子；管脚枨和托子上面安圈口或档板

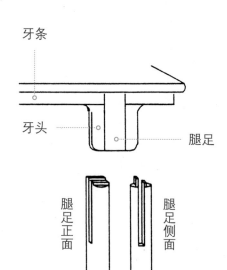

牙条

牙头

腿足

腿足正面

腿足侧面

夹头榫示意图

红木雕云龙纹平头案（清）

红木雕三多纹平头案（清）

　　三多纹是佛手、蟠桃、石榴合在一起的纹样，寓意多福、多寿、多子

清式剑棱腿平头案（现代）

　　平头案具有很强的礼仪性，明朝时期人们常把它放置在太师壁前，上配中堂画，前配一方桌和一对椅子。侧间放置平头案多倚墙靠窗，上面摆放书函、文具、画轴、花瓶、屏风、座钟等物品。

图国
典粹

家具

书房中的平头案

北京北海静心斋中
的平头案

◆ 翘头案

　　翘头案是在平头案的案面两端装翘头，有的翘头与案面抹头用一块木料做成一木连做式。有的翘头案在两侧腿柱间安装档板，多用较厚的木料，一般镂空雕刻精美的图案。翘头案与平头案一样属于长体家具，多设在厅内中堂，也有在侧间使用，多放于窗前或山墙处，用来摆放花瓶或梳妆用具。

楠木翘头案（明）

黄花梨木插肩榫翘头案（明）

插肩榫翘头案式样简单，多为四足着地，不设管脚枨和托子，腿足饰以线脚和花纹。案两侧没有用档板，只在靠近案面上端的前后腿之间安了双枨，使整个案看起来清秀典雅

黄花梨木夹头榫翘头案（明）

黄花梨木是明式家具中最常用的木料。此案面黄花梨木的纹理清晰可见。案面和腿之间用夹头榫连接。档板装有券口牙子，简约通透。案足端装有托子，加固了腿的稳定性

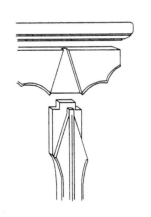

插肩榫示意图

插肩榫的结构是腿足顶端有半头直榫，与墩面大边上的卯眼连接；腿足上端的前脸也做出角形的斜肩；牙板的正面也剔刻出与斜肩等大、等深的槽口。装配时，牙条与腿足之间是斜肩嵌入，形成平齐的表面

清式翘头案（现代）

案面
案面呈长方形，中部平整光滑，两端向上翘起

飞角
案面两端上翘的部分，明代被称为"飞角"

牙子
安在案面，下连接两腿，也包括案面下角上的短小花牙。此牙子为葡萄云纹牙子，寓意多子多福，是牙子常用的一种纹饰

档板
档板又称"档头花板"，指在前后腿与横枨之间镶嵌的装饰性侧板。一般档板用料较厚，使案腿更加稳固。其上常镂空雕刻各种吉祥纹饰，或用木条攒接成棂格形状，精巧空透，有很强的装饰性。此档板透雕二龙戏珠图案，寓意吉祥

红木雕葡萄翘头案（清）

　　清式案有明式家具常见的夹头榫、插肩榫做法，又有托角榫，是清代常见的做法，但因嵌入腿足内，从外表较难辨认。牙子分三段安装，在腿子两边镶有牙头，腿子两侧开出浅槽。腿足的做法大体分为有托泥和无托泥两种。北京和苏州两地常用足下踩托泥造型；不用托泥的，将腿足向外撇出，为广式家具常见做法

苏州网师园殿春簃中的翘头案

奏案

奏案专供帝王和官吏升堂处理政务、批阅奏章使用，形制比一般的平头案和翘头案还要大，案面有平头和翘头两种。

《元曲选》版画中的奏案

山西平遥城隍殿前的奏案

95

◆ 供案

供案是古代祭祀时放置祭器的长条形案，起源于商周时代的礼仪祭祀用具禁和俎。

战国时期，禁、俎十分流行，其上主要承置樽、豆等酒礼器及祭祀用品。秦汉以后，供案增多，逐渐取代了禁、俎的地位，成为庙堂及祭祀场合的主要陈设用具。

供案主板较厚，在园林中常用来放置奇石、盆景、古玩等器物。常见的供案形制是：案面以下为长方格，装绦环板或抽屉；长方格下设牙条，雕刻纹饰；腿足多为三弯腿，缩进安装；足端为兽爪足或足底踏珠；足下多设须弥座式底座，底座多立柱分格装绦环板。

苏州寒山寺中的供案

苏州留园林泉耆硕之馆中的供案

榆木供案（清）

赵县柏林禅寺中的供案

银香案（唐）

　　香案是参佛所用。此香案是出土于法门寺地宫中的一件纯银制香案，造型简洁、大气，曲线丰满、动感明快，没有过多的繁杂装饰，表达出敬佛者的虔诚

俎是祭祀典礼中用于切肉或陈设祭品的用具。俎有木、陶、铜等多种材质，面板有平面和凹面两种。

随着社会的发展，俎的形制也在不断改进。据史书记载，最早的俎是上古时期有虞氏的"梡俎"，俎面为长方形木板，板面两端各凿两个榫眼，下安四根立木腿。夏代俎名"蕨俎"，俎的两腿之间各增加一根横枨，有加强牢固性和装饰性的用途。商代的俎又名"惧"，把直立的木腿改作曲线形。周代俎名"房俎"，四条直立的木腿放于足下的横枨上，如同后世桌、案足下有托泥。春秋战国时期的俎已具备桌案的雏形。

凹形石俎（商代）

河南安阳大司空村殷墓出土。

俎面为长方形，四周雕出高于面心的挡水线，下面凿出四足，足上雕出对称的饕餮纹，两足间呈壶门形

青铜蝉纹俎形制（西周）

俎面呈长方形，中部微凹，两端翘起，安立板式足，足外端铸有兽面纹

彩绘方柱形四足漆俎（战国）

湖北枣阳九连墩2号墓出土。

俎面为长条形，中部微凹，彩绘纹饰，方柱形足，漆木质地

彩绘带立板凹形板足漆俎（战国）

湖北枣阳九连墩2号墓出土。

俎面呈长条形，两端俎面之上有两块立板，立板及足板外侧均雕有纹饰

禁产生于西周早期。奴隶主贵族举行祭祀典礼时，在禁上摆放酒樽，有祭享、昭示死者的寓意。郑玄对《仪礼·士冠礼》作注："禁，承尊之器也。"禁有三种：方形或长方形箱式禁、长方形板式有足禁和长方形板式无足禁。禁面中央有凸起的圈足，四面有壁，侧壁上有两个方孔，便于移动又有装饰作用。禁形制不大，是后来祭祀用案的最初形制。

多层云纹铜禁（春秋）

河南淅川下寺墓出土。

此铜禁四边和四壁装饰着多层透雕蟠龙纹，器上攀附十二条龙，器足是十条爬行的虎

透雕漆木禁（战国）

湖北随州曾侯乙墓出土。

此禁高52厘米，面长、宽各55厘米，底座长、宽均41.8厘米，用一整块厚木板雕刻而成。禁面有方形凸起的全角包边，雕刻着与铜器类似的龙纹和云纹。面板当中有一个"十"字隔梁。腿部是形象生动的四只野兽，兽的前腿向上弯曲，连接禁面与禁座，下腿环抱方柱。通身黑漆为底，朱绘花纹，有草叶纹、陶纹、鳞纹和涡纹等

几是一类案面狭长、下有足的矮形家具，一般设于座侧，方便人们坐时依凭和搁置物件。

早期的几有两种形态，一种是用于放置日用品或陈设器的庋物几，《释名·释床帐》记载："几，庋也，所以庋物也。"另一种是用于依靠的坐具，即凭几。汉代几没有实物遗存，在汉代画像砖、画像石中可看到汉代几的形态。明代几除炕几外，茶几、香几、花几等高形家具都不是传统的几形结构，而只是名为"几"的新型家具。清式几分高式和低式两类。高式几主要有香几、花几和茶几；低式几有置于床榻和茵席之上使用的各类炕几。几还用于对老年人的赏赐。《礼记·曲礼》记载："大夫七十而致事，若不得谢，则必赐之几、杖。"

凭几

凭几是专供人们凭倚的家具，几面较窄，高度和人坐身侧靠或前伏相适应。明代梅膺祚《字汇·几部》载："几，古人凭坐者。"

汉代凭几有许多种，以足的形状分为曲栅足几、双曲足几、直足几、折叠几等。凭几的装饰方法多样，或髹漆，或饰彩，或雕花，或嵌玉。东汉以后出现了弧形三足凭几，几身是扁圆半环形，所用材料有陶、瓷、木等，两端及中间各垂一足，三个足均外张，使着力重心落在了一个三角支撑点上。由于其弧形的特点，使用灵活，可以放在身体任意一侧使用，凭靠时可以随时调整身体的坐姿，俗称"四面几"。弧形三足凭几在魏晋南北朝时非常流行，清代时，皇帝出巡或狩猎时，多在帐篷中使用三足凭几。宋元以后，花几、茶几和香几等逐渐取代凭几成为主要的几类家具。

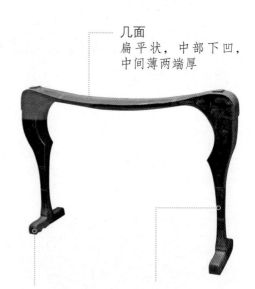

几面
扁平状，中部下凹，中间薄两端厚

横枨
设于足下，足与枨用套榫相结合

足
几面下各有一个呈"S"形的圆柱形足

黑漆朱绘单足凭几（战国）

此几出土于长沙楚墓，是目前所见的最早的几

《伏生授经图》中的凭几
杜堇（明）

凭几常设于坐席一侧，使用时，人们可前后凭靠外，还可左右斜支，或坐于凭几上。图中，汉初儒者伏生席地而坐，手臂和身体靠在以天生奇曲的怪树制成的凭几上，聚精会神地讲述经文

"H"形朱绘漆几（战国）

湖北江陵天星观1号墓出土。

凭几是地位和权力的象征，故不同身份、等级的人使用何种凭几都有规定。据东晋葛洪《西京杂记》记载，天子用玉几，冬天在其上加绨锦；公侯用木竹几，冬天则加盖毛毡。《周礼·春官宗伯》载："司几筵掌五几、五席之名物，辨其用，与其位。""五几"是指玉几、雕几、彤几、漆几、素几。玉几为天子专用，雕几、彤几、漆几、素几为诸侯及卿大夫所用。此几属"彤几"，朱色纹饰精美流畅，造型生动，几面平整，略向下凹成弧形，几面两端有平直的立板，上端向内翻卷，中部与几的横板用榫卯连接

《伏生授经图》中的栅形几 王维（唐）

几面呈长方形，几足为栅形曲足，下施横柎

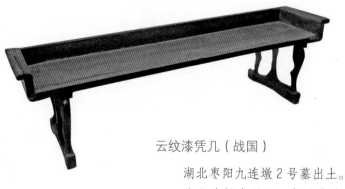

云纹漆凭几（战国）

湖北枣阳九连墩2号墓出土。

此几为栅式足几，每边各有三根足，呈并列状，均衡而对称。几面用一块整木雕成，浅刻云纹，两端雕刻兽面纹，精美生动

炕几

炕几是放在床榻或炕上使用的矮形家具。从结构上看，凡是由三块板直角相交而成的，或四条腿足处于面板四角之下的短腿桌都是炕几。炕几从宋代到明清时一直盛行。

清式炕几（近代）

槐木

槐木有青槐木和老槐木之分，制成家具结实耐用，是晋式家具的常用木料。青槐木是指生长二十年以上的槐树，木质较硬，材色微黄，心材、中材、边材的差别不大。老槐木是指生长百年以上的槐树，木质坚硬，年轮明显，材色呈灰红褐色，心材、中材、边材的色差较大。

槐木切面

纹理均匀，表面光滑，有由棕褐色条纹形成的山峰状花纹

晋式槐木半圆炕几（明）

炕几（清）

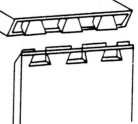

暗榫示意图

暗榫
暗榫又叫"燕尾榫""闷榫"，用于两块木板直角相接的榫卯结构。榫头不外露，做成端部宽、根部窄的梯台形

几面
几面平整，由黄花梨木整板制成，纹理清晰，与板腿相交处用暗榫接合，棱角浑圆

黄花梨长方炕几（明）

板腿
为板式腿，两侧腿上均有镂空图案，腿足处镂挖出优美的波浪线

牙条
呈高拱罗锅枨形，前面牙子浮雕折枝花草纹，两侧挂牙透雕回旋形线条构成的云雷纹

◆ 茶几

茶几是从方形几、长形几发展而来的，是专门用来摆设茶具的家具，主要放置在室内。方形的茶几带有霸王枨，有托泥装饰，玲珑精致。茶几与炕几有很多相似或通用之处，多与会客、宴饮有关，造型上也基本不超出后者的主要模式。

红檀木交对椅茶几（明）

红木皇宫圈椅茶几（明）

红木灵芝太师椅茶几（清）

红木高低茶几（清）

茶几（清）

红木方凳茶几（民国）

民国时期茶几仍是摆放茶具的家具，式样上除沿用清式几的造型外，也有与沙发、洋式扶手椅配套使用的茶几，以海派茶几数量最多。几面不单是方形、长方、椭圆等几种，还有更富有变化的形状；彭牙的体量也加大了，配以流畅的线脚；腿足线脚流畅，不再采用方腿或圆腿；足则采用写实性较强的兽爪抓球式。整体造型轻盈，动感十足，具有西洋式风格

南官帽椅和茶几

直腿方形茶几多摆放在两把椅子中间，高度与椅子扶手大体相当，几面摆放茶具，用来接待宾客，雅兴十足

◆ 香几

香几是宋代以后出现的一种摆放香炉用的高腿家具。香几形体高大，庄重大方，有圆形、六角和八角式，还有双环式、方胜式、梅花式、海棠式等样式。一般来说，以圆形面板香几居多，称为"圆形香几"，腿足有三足、五足等式样，弯曲较大，绝大多数都用三弯腿。明代《鲁班经匠家镜》中对香几的制作已很讲究："凡佐（做）香几，要看人家屋大小若何而（定）。大者上层三寸高，二层三寸五分高，三层脚一尺三寸长……上层栏干（杆）仔三寸二分高，方圆做五分大。余看长短大小而行。"可见，明代工匠对香几的制作格外精致。

几面
呈圆形，独立摆放时从各个角度看都很完美

高束腰
几面和牙条之间的缩进部分镂刻花草纹饰

彭牙板
雕刻出各种图案和纹饰，与几腿以插肩榫相接

腿足
雕成回纹，像一只小巧的蜗牛

蜻蜓腿
明清家具术语，又称"螳螂腿"。腿足上粗下细，呈现出优美的"S"形曲线，腿中部向两侧突出，雕刻花纹，腿足处带弯外翻，像细长的蜻蜓，柔媚多姿，故而得名

龟足
托泥下常带有小足。五只小足着地，活泼可爱，既使香几更加稳定，又起到通风的作用

清式圆形带托泥蜻蜓腿香几（现代）

圆形托泥
将五条几腿连接起来，使几腿不直接触地，香几的受力点落在托泥上

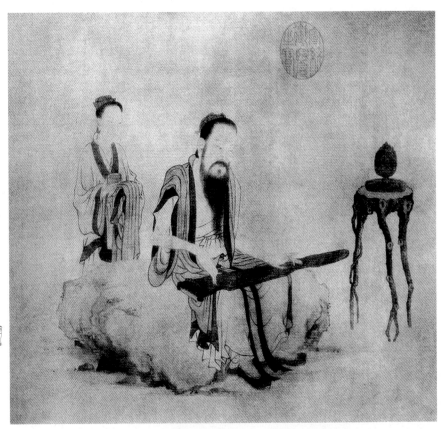

《伯牙鼓琴图》中的香几　王振鹏（元）

黄花梨木五足内卷香几（明）

　　明代时，富贵之家有在书房、卧室内焚香熏屋子的习惯，香几常摆在室内宽敞处。圆形香几体圆，委婉多姿，一般不带有方向性，从各个角度看都能形成完美的整体，面面宜人观赏

明刊本《琵琶记》中的香几

剔红龙纹香几（明）

清式方形三弯腿香几（现代）

核桃木

核桃木质地温润细腻，纹理美观，木质坚硬，制成家具古朴雅致，能显示木纹的自然美。

核桃木故事图香几（清）

核桃木切面

核桃木心材一般自浅红褐色至棕褐色，布满细小狭长的栗褐色斑点，具有很好的光泽，和花梨木的波纹、光泽近似

《蝶几谱》：明代万历时戈汕著，是一部组合家具的设计图，详述了大小不等的十三具形状各异的三角形蝶几，可以任意排列组合成一百三十多种家具的形式。

《鲁班经》：明代北京提督工部御匠司司正午荣汇编，并非鲁班所著。明代初期编纂的木工专用书籍《鲁班经》只有木构建筑做法，其中没有家具。到万历年间，增编的《鲁班经匠家镜》增加了制作家具的五十二则条款，并附有图式。书中对家具做了详细的分类。

《髹饰录》：明代黄成所著，分乾、坤两卷，共十八章，一百八十六条，是我国现存唯一的一部古代漆工专著，阐述了我国古代漆饰的历史、工艺、分类和特点等。

《长物志》：明代文震亨著，共十二卷。书中对椅、凳、桌、几、橱、箱、架、屏风等家具做了具体的分析和研究，是一部研究明式家具的重要参考资料。

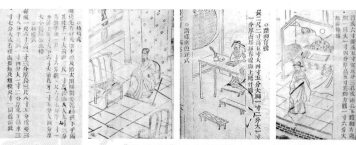

《鲁班经》中的家具

◆ 花几

花几是摆放盆花的家具，可用于室内外，一般为方形、圆形、六角形等，有高有矮，成对使用。上品花几多选用名贵木材花梨木、紫檀木制作，造型高雅，腿足设计精巧，几面常嵌大理石、岐阳石、玉、玛瑙、五彩瓷面等。明式花几造型简洁质朴，清式花几装饰繁缛华丽。

红木三弯腿带托泥花几（清）

红木圆花几（清）

细高形的几架在明代较
为少见，可能到清中期以后
才流行。花几中还有一些超
高花几，通常在100厘米以
上，有的甚至达170厘米

花几（清）

红木竹节花几（清）

苏州网师园看松读画轩中的花几

室内花几以典雅古朴见长，造型规
范，常摆在桌案两侧，易于与其他家具
形成和谐的布局。室外花几则灵活多变，
用料亦不限于竹木，造型要与盆景和山
石花草等相映成趣

◆ 套几

套几是可以套叠在一起收存的几，一般采用一套三件几或一套四件几的制式。其特点是几件几的式样相同，但尺寸逐个减小，较大的几只用三根管脚枨，最小的一件几用四根管脚枨。小几可依次套在较大的一件几的腿肚内，收藏起来只有一个几的体积，故名"套几"。套几是清代颇具特色的家具，多为苏作，因使用、收存都十分方便，深受文人雅士的喜爱。

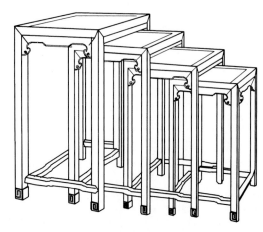

清代四联套几示意图

◆ 搁几

搁几的面板和架几是分立的，采用折装式结构，便于使用和存放。使用时，将案面板摆放于架几之上。大者与长案相若，小者可用作书画案。搁几在清代很盛行，式样变化主要在于几座的造型，风格比较清秀。

搁几（近代）

箱柜

　　箱柜类家具主要指储藏物品，存放、搁置器物的箱、柜、橱和架格等。

　　箱、柜的使用始于夏、商、周三代，时称"椟"或"匮"，如《国语》中夏人"椟而藏之"和《尚书》中周公"纳册于金滕之匮中"。橱在席地而坐的时代高度不足1米，面板上可放置物品。汉代箱、柜、橱等储藏类家具采用木胎髹漆，用料、做工考究，造型小巧、雅致。橱在汉代处于初始阶段，形体较高大，还有屋顶的特征。宋代以后，柜与箱区别明显，柜的形体逐渐变得高大。北宋沈括《补笔谈》载："大夫七十而有阁。天子之阁，左达五、右达五。阁者，板格，以庋膳羞者。正是今之立柜。今吴人谓立柜为厨者，原起于此。以其贮食物也。故谓之橱。"可知，格和橱最初专用于存放食物，后来随着用途的逐渐扩大，出现了多种形制的柜和不同用途的橱。

箱

箱是收藏物品的方形家具，有底和盖，多为木制，也有皮革、铁、竹制，配有铜饰件。

箱在商周时就已使用，当时叫"椟"或"匮"。古代最早的箱指车箱，在车内存放物品。直到汉代才出现了称为箱的家具，多用于存放衣被，称"巾箱"或"衣箱"。唐以后到明代，箱的形制无多大变化，式样丰富。明清时期的箱在用料、造型和装饰手法方面十分讲究，很有特色。

◆ 衣箱

盛衣物的木箱大多是长方形，上开盖，明代叫"衣笼"。民间所用衣箱大多数是没有雕花的以实用为主的樟木箱、柳木箱。衣箱的制作不同于有木框架的家具，是先将窄薄木板拼成大板，然后将六块大板用榫卯结构拼接成一个六方体木箱，将表面刨光之后，再将木箱锯开，一部分用作衣箱盖，一部分用作衣箱体。这种制作方法不仅节省工时，还可保证衣箱盖和衣箱体大小一致，严丝合缝。

锁匙
锁住箱子，有保险的作用。明代锁匙均系减金铁件。减金工艺流行于元代，是在铁器上錾刻阴纹，锤上金丝，金铁相映，体现出豪华、富贵之气

明榫
明榫又叫"马口榫""通榫"，是多用于箱子的榫卯结构之一。两块平板直角连接后可以看见榫头和卯眼。由于明榫破坏了家具的美观性，所以一般硬木家具或较高档的硬杂木家具都不采用此种做法。此箱的箱盖各木板结合处和箱身侧板相互结合处用明榫

箱盖
隆起呈拱形

箱身
箱身分为三层，上为箱盖，中有套斗，下有托座

箱底
此处箱底为托座。有的箱底为抽屉，可存放物品

黄花梨木衣箱（明）

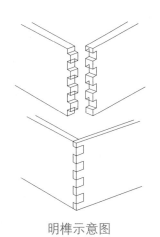

明榫示意图

黄花梨木小衣箱（明）

子口示意图

　　两块平板相接，为防止透缝，板边各起半边通槽口，一上一下搭合拼接，这种构造称作"企口"或"子母口"。箱、盒等家具的盖与底相合时，边口多用企口，企口构成的周边俗称"子口"

拍子
拍子是箱子上的主要铜饰件，是半面叶上可开启和关合的部分铜饰件。上有两个孔眼，关合时套入屈戌，可以上锁。拍子造型各异，有像穿在牛鼻中的环扣状的牛鼻环拍子

箱顶
为长方形平顶式，有的箱顶四角接缝处用铜叶包裹，上下开口处留有子口，盖放时扣住子口。

箱底
托座式箱底，正面浮雕双龙戏寿纹，祥瑞富贵，侧面有亮脚

提环
椭圆形提环设于箱子两侧，方便提携

清式衣箱

◆ 梳妆箱

梳妆箱是存放妇女梳洗用具和化妆用品的小箱子。

百宝嵌婴戏纹梳妆箱（清）

◆ 镜箱

镜箱又称"镜匣""奁具"，是盛放梳妆用具的匣子。春秋战国时，男子也蓄发，黎明即起，先将长发梳理整齐，或束簪或加帻冠，所以，镜箱在男性墓葬也多有出土。汉代以后，镜箱多出自女性墓葬。

清式描金镜箱

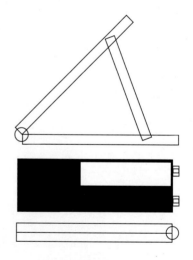

漆木镜箱开启示意图

漆木镜箱（战国）

湖北枣阳九连墩 1 号墓出土。

此镜箱出自男性墓中，是目前所见最早的一件镜箱。盒面以篾青镶成外框，篾黄嵌出几何纹图案。盒内相应部位凿空以置放铜镜、木梳、刮刀、胭粉盒，上下各装一可伸缩的支撑，以便使用时承镜

◆ 官皮箱

官皮箱是一种旅行中用来储物的小木箱子，因多为官员巡视出游之用，故名。官皮箱的体积不大，制作极其精美，形制从宋代镜箱演变而来：上方开盖，有约10厘米深的空槽，用来放铜镜及支放铜镜的架子；空槽之下是两排小抽屉，前脸设对开门，箱盖扣合后，前脸的对开门便会扣紧，无法打开；最下面是底座；箱体上雕刻有喜庆吉祥图案。官皮箱用于盛装梳妆用具，也可用来装文具，因用途不同有不同的名称。

《琉璃堂人物图》中的官皮箱
周文矩（五代）

大漆描金官皮箱（明）

大漆家具是以木为胎，表面用大漆漆艺装饰的家具。此箱箱盖呈盝顶；箱两侧各设一个半环状的提手以便搬运；箱身髹漆描金精美的花草纹样；箱子正面有铜质的拍子；箱底是一个托座，稳固厚重

描金漆

描金漆是中国漆家具的主要制作技法之一，包括描金罩漆、识文描金、泥金画漆三种风格华丽的描金漆技法。

描金罩漆是在素漆地上用泥金勾画花纹，待干后，再通体罩以透明漆。识文描金又称为"蒔绘"，是先用稠漆堆起纹样，然后再用金彩描绘，具有花纹隐起、色彩强烈、图案生动的特点。泥金画漆又叫"描金加彩漆"，是在"识文描金"技法上加彩漆。

◆ 书箱

书箱是用于放书籍的箱子。古代书箱一般采用楠木、紫檀、樟木、花梨等木材制成，前开活门，适合用来存放大部头的线装书。书箱的规格要视一部书籍的多寡而定，箱面刻上藏书的名称及册数、藏书人身份等内容，便于检索。还有一种用于存放书信的小书箱。

《唐五学士图》中的书箱　刘松年（宋）

图中书箱精巧别致，连接处均用铜饰件固定

◆ 扛箱

扛箱是馈赠礼物或郊游时盛装酒食所用的箱子。其箱体分层叠摞加盖合成，有横梁和立柱，出行时，由两人穿杠肩抬。宋代盛行郊游，扛箱大为盛行。明清时期，扛箱依然是人们出行盛放物品的主要家具，很是流行。

《春游晚归图》中的扛箱　佚名（宋）

《麟堂秋宴图》中的扛箱　尤子求（明）

南宋戴侗《六书故》载："今通以藏器之大者为匮,次为匣,小为椟。"从明代起,匣指体积小、做工精细、专门盛放较贵重物品的小盒,也可称为"小箱"。明清时期的盒做工精美,式样很多。

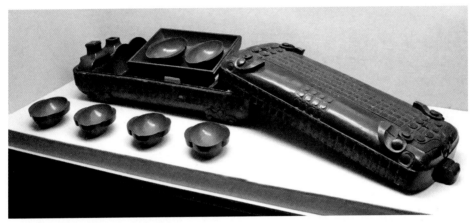

彩绘云龙纹漆酒具盒（战国）

湖北荆门包山2号墓出土。

酒具盒是古人专为出游盛放酒具而特制的盒子。此盒内髹红漆,外髹黑漆,分隔成四段六格,放置有盘、壶和耳杯等成套餐具;盒盖与盒身的两端各浮雕一龙首,龙嘴为柄,上有系绳的通槽,方便捆绑;盒身为龙身;盒底两端浮雕四只龙足

紫檀镂雕花卉方盒（清）

雕漆寿春宝盒（清）

◆ 药箱

药箱体积很小，有不同的形制。有的像是方角柜，在箱的两侧安装铜拉手；有的像是提盒，箱体上有提手，便于搬动携带。但都在前面开活门，且有锁，可以把门固定起来。门内的箱体内设有十几个大小不同的小抽屉，可以存放不同的药品。

◆ 冰箱

古人在夏天也使用冰箱保存食物，不过古时的冰箱一般为木制，锡里，里面放有天然冰块（冬天把冰块储存在冰窖里供夏天使用），外部有铜箍，木盖上有镂空的钱式孔。箱体约一尺五寸高，二尺见方，下部有约一尺高的木座承托箱身。

清式药箱

箱盖
对开平面盖，透雕两个钱式孔

提环
箱身两侧设有双提环，方便提携

箱身
上大下小，呈斗形。为加固箱体，还在箱身上加两道铜箍

底座
方凳形底座，带有托泥，将箱身高高托起

冰箱（清）

提盒

提盒是用于盛放食物等的带提梁的长方形箱盒，内有多层隔板。提盒形似扛箱，但体积要小的多，可提在手中，便于携带。宋时，提盒就已很流行。明时，其长方形式样被确定下来。古人郊游时携带馔肴酒食，或饭馆外送酒菜，店铺送货上门，文人盛放文具赶考等，都用提盒。因提盒是实用品，一般用白木制作，但也有用黄花梨、紫檀、鸡翅木等上品红木制作的提盒，做工讲究。

格角榫示意图

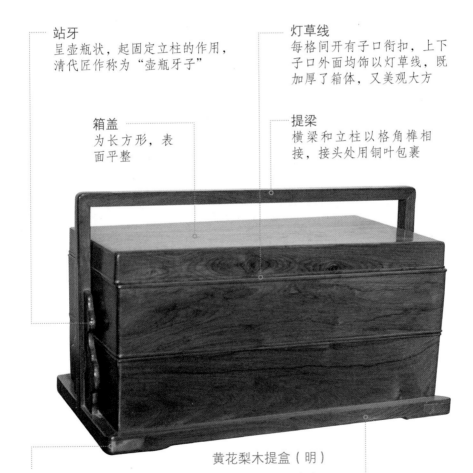

黄花梨木提盒（明）

站牙
呈壶瓶状，起固定立柱的作用，清代匠作称为"壶瓶牙子"

箱盖
为长方形，表面平整

灯草线
每格间开有子口衔扣，上下子口外面均饰以灯草线，既加厚了箱体，又美观大方

提梁
横梁和立柱以格角榫相接，接头处用铜叶包裹

铜叶包裹
铜叶是家具的一种饰件。一般提盒的提梁、立柱、两侧亮脚及底座的四角均用铜叶包裹

底座
又称"车脚"，避免提箱直接着地使箱中物品受潮

《月曼清游图》中的提盒　陈枚（清）

竹雕边框钻文竹刻花方形提盒（清）

柜

柜是用来存放物品的大型家具，也是居室中必备的家具。一般认为，柜的高度大于宽度，柜顶上没有面板结构，柜门是主要看面，对开两扇门，柜内装隔板隔层。两扇柜门中间多设闩竿，柜门和闩竿上安装面条、吊牌等铜饰件，方便开合及上锁。

架格有一层的，也有双层或多层的，与人肩齐高或稍高些，正面多装矮栏、挂牙、雕刻纹饰。还有一种亮格柜被北京匠师叫作"万历柜"，上为开敞无门的亮格，中为有门的柜子，下为矮几。亮格柜一柜两用，多放在厅堂或书房，极富文人气息，深受人们喜爱。

◆ 亮格柜

亮格柜是架格和柜子的组合，常是架格在上，柜子在下，用于陈设和收藏。

榉木亮格柜（明）

亮格
亮格指柜子上没有门的开敞式隔层，可陈设古玩等器物。有的亮格用隔板分出隔层。此亮格底部前侧设有栏杆，两侧用立柱固定，中间透雕花纹，后背和两侧则均空敞

面条
家具铜饰件。指长条形的面叶

抽屉
设于亮格和柜之间，上有铜拉环，可存放小件物品

闩竿
闩竿设在两扇柜门之间的一根立柱上，与柜的上下横枨以榫卯相接，可以拆卸，为柜子装置锁具提供了方便

柜
是有门的隔层，用来存放东西。立柜设在最下面，利于稳定柜子。柜面运用"落堂踩鼓"（又称"起兜肚"，家具的板材中间高起，四周薄）工艺做成

横枨
横枨位于柜门底下，起支撑立柜的作用

角牙
一般在柜门底枨下攒接一圈牙板，雕刻花纹

箱柜

123

铜饰件是明清箱柜类家具上的装饰性铜制饰件。铜饰件有面叶、合叶、提环、吊牌、包角、套脚等，各有不同的功能，大多制作精美，富有吉祥寓意。民国家具上的铜饰件还带有欧式风格，特点鲜明。

面条指长条形的面叶，上有钮头和屈戌，多錾刻花饰，富于装饰性。

面条

柜门上的"四福（蝠）捧寿"纹
左右门扇的上面各浮雕"四福（蝠）捧寿"纹，四只蝙蝠环绕团寿飞翔。"蝠"与"福"谐音，寓意福气、幸福

柜门上的"幸福（蝠）吉祥"纹
左右门扇的下面各浮雕"幸福（蝠）吉祥"纹，拐子纹中间悬挂飞翔的蝙蝠图案，寓意福在眼前，幸福吉祥

亮格
三面券口和栏杆透雕拐子龙纹，华丽精致

合叶
连接柜门和柜体的铜饰件

矮几
牙板上浮雕卷草纹，三弯腿卷珠足

红木雕花亮格柜（清）

清式亮格柜注重实用性和装饰性，设置多层亮格和多个抽屉。亮格券口牙子透雕精美；柜门雕刻丰富，有的镶嵌景泰蓝装饰片；隔板多用漆艺、漆画、瓷板画等

图国典粹

家具

合叶

　　合叶又称"铰链",由两块铜板包裹一根铜轴组成两折式,连接家具的两个部件,可开可合,故名。

合叶

明式亮格柜(明)

　　此柜是典型的万历柜。亮格有后背板,三面券口浮雕花纹,栏杆浮雕螭纹和蝙蝠纹。下部立柜简洁大方,柜子下面设有矮几,支撑起柜体。矮几三弯腿,雕花牙板,造型优美

槐木亮格药柜(清)

　　药柜是专门用来贮藏药物的柜子。其特点是抽屉多,有的设有双扇门或四扇门,有的则不设柜门,柜体做成一排排放药用的抽屉

125

圆角柜

圆角柜的柜顶有柜帽喷出，柜帽的转角多做成圆弧形，故名。圆角柜的腿足与四框不分开，腿足从顶部直落而下，侧角收分（腿柱上端略向内，下端略向外）。柜门与边框连接不用合叶，而用门枢（转轴）结构。圆角柜多用圆材，门扇常用混面起线脚，因而俗称"面条柜"。

圆角柜有两扇门和四扇门两种。有的门扇之间无闩竿，叫"硬挤门"。有的有闩竿，加锁时可把两扇门与闩竿锁在一起。较小的圆角柜不设柜膛，柜门下缘与柜底平齐。有柜膛的则将柜膛设在门扇以下、底枨之上，可以增加柜的容量。四扇门圆角柜的形制和两扇门圆角柜大致相同，只是宽度大一些。四扇门圆角柜中间两扇门的做法与两扇门圆角柜的柜门做法相同。四扇门圆角柜另在左右两侧设门，但只能摘下来，不能开启。制作时，在左右两侧门框的上下两边做出通槽，然后在门扇的上下两边钉上与门框通槽相吻合的木条。上门时，把木条对准门框通槽向里一推，门扇便牢固地卡在门框里。

柜帽
柜帽喷出，边缘起冰盘沿线脚

门扇
左右两门扇均由整板制成，上装有铜饰件面条。两扇门中间装有闩竿

摇竿
明清家具部件名称。开关门扇的活络装置。摇竿出榫，装入门扇上下横档的圆形卯眼中，榫在卯眼中随着开启和关闭门扇而转动

横枨
两根横枨，一根是立柜门的底枨，另一根作为柜膛的底枨

柜膛
柜体下的封闭式空间，装有整块面板，将立柜和柜膛连为一个整体

有柜膛圆角柜（明）

《蚕织图》中的圆角柜　佚名（南宋）

　　画中所画的柜形体高大，柜顶为梯形，柜门两面开合，柜下有四矮足，柜底与矮足之间有角牙装饰

柜帽
柜帽安在柜顶之上，转角呈圆弧形

起兜肚旁板
柜左右两侧呈垂直面的板材，采用落堂踩鼓的做法制成。有的旁板则采用落塘面做法制成

硬挤门
两门扇中间不设闩竿的一种开合关闭的形式

柜立柱
四根方形立柱从顶部直落而下，四足侧脚，柜体上小下大，呈收分状

牙板
在柜前面和两侧的底枨下都设有素面牙板

花梨木无柜膛圆角柜（清）

镶瘿木五抹门圆角柜（明）

　　圆角柜的柜门装板有不同做法，或用通长的薄板，或分段装成，以抹头的根数来定名。如门板分四段，共用五根抹头，名"五抹门"。

　　此图中的五抹将柜门分成四段，从上至下，第一段贴委角方形圈口，第二段和第四段贴委角扁方形圈口，第三段不贴圈口。圈口贴在瘿木板上，制作时和瘿木板一同装入柜门边抹的槽口内，开光中显现出瘿木美丽的纹理。柜膛正面安两根立柱，将柜膛分成三段

明式带格层圆角柜

　　此柜由上下两部分组成，上部是柜体，下部是两个格层和一层抽屉。这种在柜子下面设底座的方法多见于明清时期，主要目的是避免柜体接触地面受潮。抽屉层和上面的格层之间的横枨采用裹腿做法，将柜体和底座紧密地连接在一起

瘿木

瘿木又称"影木"，不是指某一种树木，而是泛指花梨、楠木、榆木、桦木、柏木等的根部或带疤结处。

据明代谷应泰《博物要览》记载："（影木）木理多节，缩蹙成山水、人物、鸟兽、花木之纹。"瘿木剖开后纹理美丽，是明清家具中重要的装饰用材。瘿木通常不单独做成家具，多制成薄片镶嵌在桌面、几面、椅背与柜门等处作为装饰。

瘿木上的瘿瘤

瘿木纹理奇特，随瘿木质地的不同呈现出各种不同的花纹

门扇上的仕女图案
仕女图案是以中国古代女性为表现内容的一种传统装饰图案。明清时期的家具上广泛运用仕女图案，婀娜多姿的仕女形象为家具增添了不少风采

抽屉
设四只抽屉来代替柜膛。屉上有铜提环，左右抽屉间用方木料间隔开，同时起承托作用

榆木红漆描金圆角柜（清）

榉木床头柜（近代）

床头柜是放在床旁边的矮柜，一般上面有一个抽屉，下面是盛放衣物的小柜。有的床头柜上还配有一面小镜子。床头柜因要与床配套使用，式样多随床的式样变化，故品种花样很多。此床头柜是圆角柜

◆ 方角柜

方角柜简称"立柜"，顶部没有柜帽，上下垂直，四角见方，各角多用棕角榫，上下同大，腿足垂直，没有侧脚，柜门也分有闩竿和硬挤门两种。顶部不带顶箱的方角柜在古代被称为"一封书式"，是说其外形像有函套的线装书。

樟木顶箱柜

顶箱柜是一件方角立柜和一件顶箱的组合体，因陈设摆放时是成对的，成方正平直的框架，也叫"四件柜"。顶箱柜还有一个顶箱加一件立柜的两件柜、两个顶箱加一立柜的三件柜及一对三件柜组合而成的六件柜，且多在柜的上下加抽屉。大顶箱柜有高达三四米的，多置于高堂；小的则多放在炕上使用

柜顶
没有柜帽，上面没有顶箱，立柱和柜顶用方角的棕角榫连接，四角为直角

柜体
柜体上下垂直，方正平直，像中国古代的书籍，因而又叫"一封书"式立柜

面叶
家具铜饰件。铜片上有钮头和屈成，在家具表面穿结固定，装饰效果鲜明

柜膛
用整板制成，装入柜门底枨下，和前面立柱连成一体，极为平整

榉木方角柜（明）

直牙条
攒接在柜膛之下，在柜两侧也设有

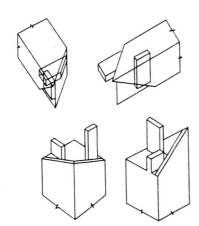

棕角榫示意图

棕角榫用于家具框形结构中横、纵、垂直三条木材相交处，因其外形像粽子的形状而得名。其三面的角线都成45°的斜线，故又叫"三角齐尖"

硬木家具上的龙纹

　　龙是中国传统图腾文化中充满灵性和吉瑞象征的神兽，是古代帝王和皇权的象征。龙纹是传统纹饰之一，一般为蛇身，有足或无足，素面，多饰有鳞纹。龙纹在明清时期定型，形成了行龙、团龙、正龙、蟠（盘）龙、坐龙、升龙、降龙等结构形式，广泛运用在硬木家具上。

　　明清龙纹的构图有较大差别：明代龙纹龙头上的毛发呈怒发冲冠状，多从龙角一侧向上高耸。明中期以前毛发多为一绺，明晚期则多为三绺。龙的眉毛在明万历以前大多眉尖朝上，万历以后则大多朝下。清代龙纹龙头上的毛发呈披头散发状。清乾隆年间龙纹的头顶有七个圆包，正中的稍大，周围的略小。龙爪在清康熙以前多为风车状，乾隆时期龙爪开始并合。清后期，龙身臃肿。民国时期，龙爪似鸡爪。

　　龙纹是帝王专用的纹饰，即使被特许使用的龙纹也要改叫"蟒"。明清时期的龙纹硬木家具是宫廷家具，只有极少数流出宫外。民间现存的大多数龙纹古家具基本上是民国时期清宫造办处的一些工匠出宫之后为谋生计仿做的。

方角柜上的云龙纹

紫檀木雕云龙纹方角柜（清）

　　明式硬木柜多光素，少有雕花。清式硬木柜大多装饰华丽，或雕刻，或镶嵌。有些柜子把整个门扇都雕刻得密不透风；有些柜子门扇上的开光呈对称的梅花式、海棠式、花瓣式、满月式、委角式，开光中雕刻内容有连续的画面，如雕刻《耕织图》用以歌颂天下太平，等等

晋式核桃木箱柜（清）

　　箱柜专用于放置箱子，通常作为妆具成双置办。柜顶平直整齐，不喷出，下设三只抽屉。柜面的尺寸按照箱体底面的尺寸来制作

炕柜（清）

　　炕柜是一种摆放在炕上使用的方角柜，尺寸较小，高约两尺。炕柜也有尺寸较大的，但依炕的大小而定。清代满族人喜用炕柜，清代宫廷中也有炕柜

方角挂衣柜

　　挂衣柜是能将衣服挂起来存放的柜子。民国时期的挂衣柜最为华丽，借鉴西洋家具中的挂衣柜进行设计，多为立式，高约两米，进深约 60 厘米，柜内设有一个挂放衣服的立体空间，柜门上安装镀水银厚玻璃镜，起穿衣镜的功能。柜门上的装饰雕刻图案借用欧式图案，或沿用清代民间家具的图案

书画柜上的山水风景纹
山水风景纹是以自然风光、风景名胜、文人学士山林之乐、历代名人画稿为题材的装饰性纹样，清新典雅，多用于桌案面、柜门、屏风、箱面等处

新仿大叶紫檀雕方角书画柜

　　书画柜是文房用具，专用来放置卷轴书画，尺寸不大，做工精致，多为抽屉式结构

小橱柜（清）

　　橱柜是放在厨房里或架上的柜子。此橱柜上部设两个小抽屉，浮雕卷草纹；下部门扇处无闩杆，硬挤门；门扇浮雕西番莲纹，和柜体以合叶相接

橱

橱是桌案与柜的结合体。一般认为橱比柜小些，宽度大于高度，顶部采用面板结构，面板和柜门是主要看面，既可当桌案摆放物件来用，又可存放物品。

橱根据形制的不同主要分为闷户橱和柜橱两类。

◆ 闷户橱

闷户橱是案和橱的结合，具备承置物品和储藏物品的功能。闷户橱的抽屉下设有"闷仓"，取放物品要将抽屉拉出才行，有较好的隐蔽性。闷户橱又按抽屉的多少来命名，两个抽屉的和三个抽屉的分别叫"联二橱""联三橱"。

闷户橱是民间最流行的家具式样之一，多见铁力木制，摆在内室存放细软之物。民间嫁女多用红头绳将嫁妆系扎在闷户橱之上，叫"嫁底"。闷户橱带一个抽屉的又叫"柜塞"，多放在一对中等大小的顶箱立柜中间。柜塞得名于其塞在两柜之间。

河北宣化张世卿墓壁画中的多层屉橱

画中的橱是宋代一种新式橱，橱上带有六个抽屉，是目前见到的最早的橱柜抽屉形象

135

抽屉
两个抽屉以短柱相隔，抽屉脸不
贴券口，采用落堂踩鼓的造法，
浮雕螭纹，醒目饱满，正中的浮
雕下垂云头，安装吊牌。抽屉下
面装板和下层的闷仓隔开

角牙
设在吊头下面，浮雕缠莲纹

吊头
明清家具工艺术语，又叫
"抛头"，指无束腰的桌面、
案面、橱面等在腿足外伸
出的部分。吊头边缘起冰
盘沿线脚

橱面
平整光滑，无翘头

黄花梨木雕花联二橱（明）

牙板
牙板底部和吊头牙子的底部平
齐，整齐美观，上浮雕缠莲纹，
延绵不断，寓意生生不息

吊牌
家具铜饰件。是由屈戌串联
而成的活动拉手，可以旋转，
使用方便，造型丰富多样

闷仓
闷仓设于抽屉下，仓内可以存放物
品，只有拉出抽屉才能取出仓内物
品，故名。闷仓立墙采用落堂踩鼓
的造法，雕刻螭纹，螭纹尾部恣意
卷转，布满整个立墙

晋式雕花联二橱（清）

带翘头雕花联三橱

　　橱面带翘头；吊头牙子浮雕葫芦纹，寓意吉祥；三个抽屉以短柱隔开，采用落堂踩鼓的造法，安有铜提环；闷仓立墙中加短柱，分四段装板；正面牙条用厚材，中间雕出分心花，两端锼出卷云云头，沿边起阳线，精致美观

铜吊牌

柜橱

柜橱是由闷户橱演变而来的一种橱子，不属于闷户橱，抽屉下没有闷仓。其抽屉以下空间设计成一个尽可能大的柜体，正面安柜门，足端安四根落地枨，两帮和后背装板下及落地枨。柜橱流行于清代中晚期，体形较长，用材多选用红木，按抽屉数称为"联二橱""联三橱"。

清式小柜橱

橱面
两端有翘头

横枨
横枨与腿部相交，将橱分为上下两层

橱门
下层设两扇橱门，左右两边橱门和立柱用圆形合叶连接

面叶
圆形面叶设在门扇和闩竿上，古趣盎然

角牙
角牙透雕五只蝙蝠环绕"寿"字飞翔的五福捧寿纹。五福是：一曰"寿"，二曰"富"，三曰"康宁"，四曰"攸好德"，五曰"考终命"

清式挂牙橱

清式红木雕花柜橱

　　红木雕花柜橱做工精美，古香古色，放在厨房转角填补了角落的空白，橱上陈设盆景、盖碗和茶叶罐，错落有致

佛橱（近代）

　　佛橱是设在家中供奉佛像的家具，由于是礼佛用具，做工都极为精美，也有不同的式样。《长物志》载："（佛橱、佛桌）用朱、黑漆，须极华整，而无脂粉气。有内府雕花者，有古漆断纹者，有日本制者，俱自然古雅。近有以断纹器凑成者，若制作不俗，亦自可用。"

五斗橱（民国）

　　五斗橱又叫"五屉橱"，由英式抽屉柜演变而来。这种柜子的特点是柜高不超过120厘米；柜顶上有面板，可摆放物品；看面设五个大抽屉，抽屉面多用细木镶嵌或用瘿木做贴面装饰；通常不设柜门，即使设柜门也很小；柜框边缘浮雕装饰图案

架格

　　架格是以立木为四足，用横板将空间分割成几层，用来陈设、存放物品的高形家具。

　　明式架格的式样和柜相似，后背装板或不装板，多设有抽屉。每层亮格的后背和左右两侧多设有栏杆、安装券口牙子或圈口牙子用来装饰。有的架格在后背安装透棂，或三面安装透棂。清式架格较明代普及，式样和做工也都优于明式架格，是厅堂、书房中主要的陈设家具。清式架格一般将左右及后面用板封闭，还在抽屉上多刻烦琐的花纹，有的花纹带有明显的西洋装饰风格。

券口牙子
左右和前面均装有壶门式券口花牙

亮格
共两层，可放置书籍、古玩、器皿等物件

后背
用攒斗工艺斗接处的花纹以四瓣枣花作心，将四根S形弯材接到花朵上，呈现出精美的波纹图案

抽屉
两个抽屉设在架的中部，上安铜吊牌拉手，可放置小物件。架格上设抽屉多放在便于开关处，高度和人胸际相当

牙条
左右和前面都设有雕花牙条，弧形柔婉

黄花梨木透空后背架格（明）

红木品字栏杆架格（明）

此架为全敞式架格，三层隔板将架格分为三层，上层隔板之下安装两个抽屉。抽屉为落塘面，浮雕螭纹，不设拉手，以手托抽屉底进行开关。每层亮格的两个侧面和后背设有品字栏杆，中间加双套环卡子花。下层四足间装宽厚的壶门牙条

紫檀木直棂透棂架格（明）

架格由上部的架格和下部的几座组成。上部分为三层，后背装铁力木板，正面为两扇直棂门。两道扁方框将直棂分成三段。左右两侧面也是直棂透棂造法。几座设两个抽屉，装有吊牌，下有铁力木屉板。屉板下安素角牙

红木多宝格（清）

清式架格中以多宝格最为流行，多宝格又叫"十锦格""博古格"，是用横、竖板将架格隔成大小不同、高低错落的多层小格，专门用来陈放文玩古器，有浓厚的清式家具风格

紫檀木仿竹节雕鸟纹多宝格（清）

清晚期多宝格的造型中出现欧式风格，架的体积庞大，上有繁复装饰雕刻的顶帽（又叫雕花帽或花帽），下有雕刻精美的底座。此架雕刻繁缛，极为富丽，架体呈凹曲状；帽顶下圆雕鸟纹；格门用彩色压花玻璃制成，可左右移动；横枨和立柱饰以竹节纹；彭牙鼓腿，雕刻兰花纹

苏州网师园五味书屋中的架格

架格常用来放书籍，故被称为"书架""书格"

《雍正妃行乐图》中的多宝格　佚名（清）

图中多宝格陈设各种器物，有名贵的瓷器、青铜觚、玉插屏等，都是雍正时期最为盛行的陈设器物

六

屏风

　　东汉许慎《说文》载："屏，蔽也，从尸，并声。"屏风是用来遮障和装饰的家具，有座屏、曲屏和挂屏等式样。

　　屏风起源于西周，当时被称为"邸"或"扆"。汉代屏风使用广泛，有"凡厅堂居室必设屏风"之说。屏风经常与茵席、镇、床榻结合使用。唐代，随着高足家具的逐渐流行，屏风也渐渐高大起来。屏风有较好的室内美化功能，各种场合都设有屏风，以座屏和曲屏居多，而且书画名家在屏风上题诗作画在唐代成为一种时尚，史载吴道子的一片屏风值金两万，次者值一万五千；阎立德一扇值金一万。宋代屏风有直立板式、多扇曲屏等式，制作精美，除挡风、遮障功能外，更多是作为一种精神文化的载体，多设在主人会客之处。元代屏风多为独扇式座屏。明代屏风主要用于室内空间隔断和装饰，主要有座屏和曲屏两大类，基本上沿用了前代的样式，做工、装饰更加精美华丽，或雕刻，或镶嵌，或绘画，或书法。明代后期出现一种挂在墙壁上的挂屏，用于装饰。清代屏风品种繁多，出现了"炕屏""寿屏"等屏风，形体雄大，屏心常镶大理石、玻璃等饰品。

图国
典粹

**家
具**

座屏又叫"插屏"，是插在屏座之上的屏风。做工精美，为陈设欣赏品。座屏有独扇和多扇之分。

独扇座屏屏扇为长方形，多陈设在室内主要座位的后面，用以体现主人的尊贵。也有的独扇座屏摆放在室内进门处，起遮挡的作用。

多扇座屏有三扇屏、五扇屏、七扇屏和九扇屏，多是单数。其中，三扇屏又叫"山字式"，五扇屏也叫"五扇式"。以七扇屏和九扇屏最豪华，屏顶有扇帽，底座为八字形须弥座。多扇座屏安放在室内正中的位置，庄严肃穆。清代皇宫中多陈设多扇座屏。清代宫廷的正殿明间都陈设一组多扇座屏，屏前摆放宝座、香几、宫扇、仙鹤、烛台等。

云龙纹漆座屏正面〔西汉〕

长沙马王堆1号汉墓出土。

此漆屏风黑面朱背，正面朱地上满绘浅绿色菱形几何纹，中心系一谷纹圆璧；屏板四周围以较宽的菱形彩边；下面的边框上安有两个带槽口的承托

列女古贤图屏风 [局部]（南北朝）

　　山西省博物馆及大同市博物馆分藏。

　　此漆画屏风共五块，另有若干残块，漆板两面皆有绘画，一面保存完好，色泽鲜明，另一面剥落严重，色彩暗淡。此漆画在红漆的底色上，以黄、白、青绿、橙红、灰蓝等颜色绘制而成，富丽精致

斧扆又称"斧依",即屏风。自西周时起,古代天子座后均设有状如屏风的斧扆,以木为框,高八尺,裱绛帛,上绣斧纹,象征帝王权力。《逸周书·明堂解》载:"天子之位,负斧扆南面立。"《礼记·觐礼》载:"天子设斧依于户牖之间。"郑玄注:"依,如今绛素屏风也。"绛是一种较厚的丝织品,糊在屏风上。斧扆的形制与座屏相同,故座屏始于斧扆。

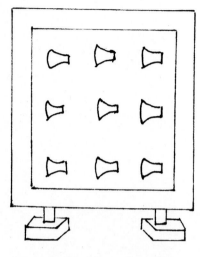

《三礼图》中的斧扆

国粹图典

家具

《重屏会棋图》中的座屏 周文炬(五代)

此图描绘南唐中主李璟与其弟景遂、景达、景过会棋情景。四人身后座屏的屏心画有白居易《偶眠》诗意图,诗意图中间又有山水曲屏,故画名叫"重屏"

双层直立板屏（汉）

　　双层直立板屏为玉制，分为上下两层，上下层玉片中间透雕汉代流行神话"东王公"和"西王母"的形象。玉屏两侧的支架各透雕一条龙

立柱

安在底座两侧，两柱间用横枨连接。在两根立柱的上端预留出一定的长度，在立柱里侧挖出凹形沟槽，然后将屏框对准沟槽插下去，使屏框下边直抵横枨，与底座结成一体

屏心

由大理石制成。屏心有木制、纸制、绢制、大理石制、云母制、翡翠制和琉璃制，制法有镶嵌、雕刻、彩绘等。屏心的雕饰从人文的角度反映了当时人们的思想和情趣

屏框

采用黄花梨木制成。屏框一般多用髹漆的木框组成

站牙

屏风、架类家具足部相对站立的两片形似葫芦瓶的牙子，用来固定立柱，即清代匠作所谓的"壶瓶牙子"

底座

由两块纵向的木方做成，用来插屏框

披水牙子

明清家具术语。指座屏上连接两脚与屏座横档之间的前后两块带斜坡状的长条花牙。因其像墙头上斜面砌砖的披水，故而得名

黄花梨木小座屏（明）

渔樵耕读图案
渔樵耕读指农耕社会四个重要的职业——渔夫、樵夫、农夫与书生，是古典家具常用的雕刻图案，作为官宦退隐之后生活的一种象征

象牙雕渔樵耕读图座屏（清）

　　家具上出现象牙雕刻的镶嵌装饰始于广作，多见于座屏和挂屏，多以山水风景、花鸟、神话故事、风土人情为题材

鸡翅木座屏（清）

　　此屏风端庄典雅，呈现出鸡翅木栗褐色的色泽和绚丽的纹理。屏心镶嵌天然大理石，自然的石纹形成一幅极具水墨意境的山水画；屏心和屏框之间透雕出空灵精美的几何图案；上下两块屏板分别浮雕博古纹和"福禄寿"纹；牙板透雕灵芝纹和团寿纹，两侧挂牙透雕灵芝纹；底座圆雕蝙蝠、寿字等福寿如意的纹饰

　　　　银杏木雕人物故事座屏（清）

《八十七神仙图》据传为唐代画家吴道子所画，人物传神生动，衣饰飘逸洒脱。《八十七神仙图》描绘的是87位神仙列队前往朝拜元始天尊的情景。他们行走在亭台曲桥，其间有流水行云等点缀，仿若仙境，似乎有仙乐飘荡

嵌银丝红木《八十七神仙图》座屏（清）

嵌银丝红木家具是借鉴铜器中"金银错"工艺，用金银丝、锡片制成精美的装饰纹样，然后镶嵌在家具上，再施几道大漆，推光而成，而不直接在红木家具上进行雕刻

砚屏

砚屏是放在书桌、画案供欣赏的小型工艺屏风，形制小巧，做工精美，属于文房清供之类。

嵌青玉镂雕福寿纹砚屏（清）

福寿纹是一种吉祥纹样。图案由蝙蝠、寿桃或团寿组成，借助"蝠"与"福"的谐音表现福寿吉意

曲屏

曲屏又名"围屏""折屏"，是一种可以折叠的多扇屏风，落地摆放，采用攒框做法，扇与扇之间用铜合叶相连，可以随时拆开，有二扇、四扇、六扇、八扇、十二扇等样式。

曲屏为临时性陈设，摆放位置随意。

摆放时，扇与扇之间形成一定的角度便可摆立在地上。为了营造某种氛围，或体现地位的高低，经常用曲屏来重新划分室内的空间，以增强每个空间的相对独立性，满足使用者的要求。曲屏还常围在床榻旁，既可以挡风，又可以凭靠。

百宝嵌花鸟纹曲屏的屏心局部
明清大漆屏风多采用"百宝嵌"工艺。百宝嵌是用玉、石、牙、角、玛瑙、琥珀等多种名贵材料雕成山水、人物、树木、楼台、花卉、翎毛，嵌于漆器家具之上，五色陆离，煞是美丽。相传，"百宝嵌"是明代嘉靖年间吴县（今江苏苏州）人周翥所创，故名周制，也说是"周柱"或"周治"。近代以来，百宝嵌也包括把许多种名贵材料镶嵌在一起制成的雕刻装饰工艺画，不唯是漆器做法

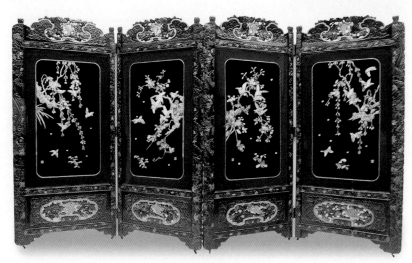

百宝嵌花鸟纹曲屏（清）

屏心
由八扇屏面组成，用轻质木材做成，上有清末书法家赵之谦篆刻的书法，苍秀雄浑，以示清高脱俗。屏心一般多用轻质木材、纸绢、丝绢等较轻质的材料做成

屏框
多用较轻质的木材做成，便于摆放和折叠收藏

销钩
用金属制成，装在每扇屏风之间，起连接作用。曲屏没有屏座，靠销钩连接

清式曲屏（清）

漆金曲屏（现代）

漆金曲屏华丽精美，独立摆放，曲折有致，屏风上的人物故事、花鸟图案有很强的装饰效果

曲屏（现代）

挂屏

明代末期出现了一种悬挂在墙壁上的挂屏。这种挂屏属于工艺装饰画，挂在室内墙上代替卷轴画。清代挂屏的形制和用途没有变化，只是使用更广泛，装饰技法更加丰富多彩，成为纯粹的装饰品和陈设品，在宫廷后妃居住的寝宫里处处可见。除了传统的百宝嵌、嵌玉、各种雕刻装饰外，还出现了新的装饰技法，如玻璃油画（在玻璃上以油彩作画，此技法于明末清初由西洋传入我国）、铁线画等。

挂屏一般成对或成组使用，有单屏、双屏（两扇一组）、四扇屏（四扇一组）、八扇屏（八扇一组）。单屏的画框一般是面积较大的正方形或长方形，双屏、四扇屏、八扇屏的画框一般是面积较小的长方条形。

掐丝珐琅锦鸡御题挂屏（清乾隆）

掐丝珐琅一般在金、铜胎上以金丝或铜丝掐出图案，然后填上各种颜色的珐琅，经过焙烧、研磨、镀金等多道工序制成

苏州拙政园中的挂屏

中堂悬挂挂屏，两边各挂一副对联或一对挂屏，是挂屏常见的一种挂法

架具

架具是立体支撑承物，不同于利用平面承载物品的架格。架包括灯架、衣架、盆架、帽架、镜架、鸟架、笔架、鱼缸架、兵器架和乐器架等品种，其中衣架、盆架、灯架和镜架是传统家具中较为典型的架具品种。

《礼记·内则》记载："男女不同椸
枷。"清王夫之《礼记章句》记载："椸
枷，衣架也。"衣架是用于搭衣服的木架，
有支架和横杆。衣架作为室内家具，是
卧室中的附属家具，通常放在卧室床榻
旁边或进门的一侧，并与床、桌、椅等
室内家具在风格和尺寸上协调一致。

民国时期还出现了衣帽架。衣帽
架集挂衣服和挂帽子的用途于一体，
形制上也出现了创新：一种是在一根
立柱下安装支撑腿，上端有铜挂钩、
金属圆盘和顶子，方便挂衣服和帽子；

一种是在衣架中间多加一个圈，可多
挂衣服；还有一种衣帽架挂在墙上，
不占用空间，用来挂衣帽的横杆可以
支出来。

明式衣架（明）

山东沂南汉墓画像石中的衣架形制

汉代衣架结构较先秦衣架复杂，结
构更加合理。在内蒙古托克托东汉闵氏
墓壁画中画有一衣架，并旁题"衣杆"
二字，这可能是衣架在当时的俗称。在
山东沂南汉墓画像石中亦有所见，顶端
横木双出头，两托座上有立柱两根，中
间连有一横杆，周身饰纹饰

明代衣架用料讲究，做工更加精美，
具有很强的装饰性。其形制一般是在两
个木座上各装配一个立柱，立柱下部用
站牙支撑，柱间用连杆连接；最上端的
横梁两头出挑，圆雕如意云头、云龙首、
凤头等纹饰；讲究的衣架还在立柱中部
镶嵌雕刻精美的中牌子

横梁
也叫"搭脑"，衣架最上端的顶枨，一般两端出头，向上高翘，顶端用立体圆雕手法雕出纹饰。横梁两端还可悬挂衣帽。此横梁两端圆雕翻卷花叶纹

挂牙
明清时期衣架在横梁与立柱相交处都会设有雕花挂牙

立柱
安在墩子上的直材，有方形和圆形

中牌子
由三块透雕凤纹绦环板构成，整齐优美。中牌子指立柱中部与横档构成的扁长方形多带有镂空花纹的框档

横枨
用来固定立柱

站牙
明清家具部件名称。站牙上镂雕卷草花纹，呈宝瓶式，抵夹住立柱，玲珑剔透

托角牙子
明清家具部件名称。横枨与立柱成直角相交处常设左右对称的角牙作为装饰性支托。此托角牙子透雕拐子回纹

委角
明清家具术语。将家具面子四个直角改为小斜边而成八角形的做法，北京匠师叫"委角"，江南木工叫"劈角做"

棂格
棂格即底板。在两墩子间安架由小块木料攒接而成的棂格，将整个衣架连成一体，更好地支撑柱架的重量，还可摆放鞋履等物

墩子
明清家具部件名称。位于立柱下端着地的横木或木座。此墩子里外两面浮雕回纹

黄花梨木凤纹衣架（明）

盆架是用于放置铜洗脸盆的家具，分高、矮两种。

高盆架是巾架和盆架的结合，多为六足，最里面的两足加高成为巾架，用于搭挂洗面巾，两端出挑，多雕有云头或凤首。其下方有雕花牌子。

矮盆架腿足等高，上端和下端各装一组横枨，专用于放脸盆，有直足、弯足两类。直足矮盆架有三足、四足、五足、六足等不同形制，腿柱上端多圆雕莲花、狮子等纹样。其中，有些六足盆架和古代鼓架的结构十分相似，还可以折叠。

红木矮圆盆架（民国）

圆形盆架的形制与圆形花几相似，做工讲究，在面板中部镂挖出一个圈形搁放洗脸盆

盆架腿
用圆材制作

腿柱上端
盆架腿柱上端高出"米"字形横枨的部分，围挡盆腹，使面盆固定在上层"米"字形横枨上，其上常圆雕花纹

"米"字形架
上下两组"米"字形横枨结构分别连接起六根圆柱形盆架腿

角牙
上下两层"米"字形横枨间的夹角均用角牙，起增加横枨之间牢固度和承接面盆重量的作用

硬紫檀六足矮盆架（清）

横梁
即搭脑，两头高翘，圆雕卷云头式花纹

挂牙
设于横梁与立柱垂直相交处，透雕花云纹

斜枨
卷云纹饰斜枨设于横梁与立柱间，承接横梁的重量，使其不易脱落

中牌子
透雕朵云纹

腰枨
设在两立柱间，增强立柱的牢固性，下挂披水牙子

立柱
和盆架的腿足一木连做

面盆架
由六根圆材制成，后面两腿和巾架的立柱相连

霸王枨
设在上层"米"字形架和腿柱的交接处，起加固架子和承重的作用

巾架
巾架与衣架形制相似，多为木制，不同之处是两立柱间的距离较近，横梁较短，多与盆架组合使用。立柱与盆架两腿足连做，用于悬挂手巾

"米"字形架
有两层，每层架用三根横枨榫接而成，将六条腿连接起来

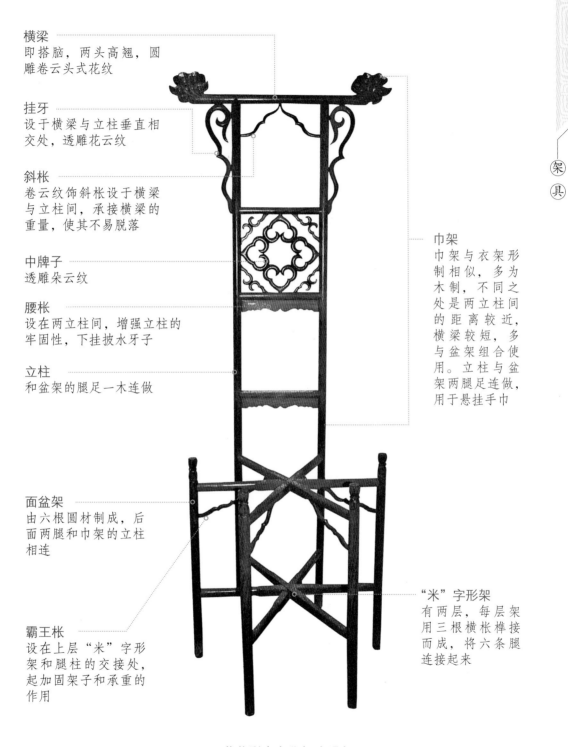

黄花梨木高盆架（明）

灯架

灯架又名"灯杆""灯台"，专用来盛放油灯或蜡烛，多为木制，摆放随意，有装饰作用。汉代以前的灯架多为铜制，较低矮，常置于席上或几案之上使用。

明清时期的灯架可分为固定式、升降式和悬挂式三类。固定式灯架由灯、灯杆、底座三部分组成，不能调节其高度；升降式灯架又名"满堂红"，可以根据实际需要来调整其高度，多在喜庆吉日用于厅堂照明。灯架的灯杆为圆柱形，多为明式。悬挂式灯架由挑杆和底座组成，

灯杆上端的木杆上装有龙凤状的铜质拐角套，钉有吊环，用以悬挂灯笼。

灯盘
多为圆形，较浅，用来盛油，内置灯芯。还有一种灯盘的中部为一尖钎，用时将蜡烛插于其上

柱
上承灯盘，下接灯底座

底座
为喇叭形状

凸轮柱木灯台（辽）

十五连盏铜灯灯座

十五连盏铜灯（战国）

此铜灯为树枝形，高达 84.5 厘米，枝上饰有龙、鸟、猴、人物等形象，灯座由三虎承托，透雕夔龙纹

《新刻出像官板大字西游记》版画中的灯架（明）

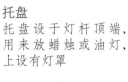

托盘
托盘设于灯杆顶端，用来放蜡烛或油灯，上设有灯罩

架具

倒挂花牙
花牙设于托盘下面，不仅加固了灯杆，又为灯架增添了几分艺术色彩

灯杆
灯杆由方材制成，在底座上钻一孔，将方形灯杆插入孔内。升降式灯架的灯杆可上下自由升降，当灯杆升降到所需要高度时，用木榫固定即可

站牙
站牙设于底座和灯杆之间，浮雕有蝙蝠纹，起装饰和固定底座的作用

固定式灯架

宋代开始出现高型灯具，形体较以前增高，座足部有方形、十字形、圆心形、圆墩形等式

底座
典型的"十"字形式三角形

明式固定灯架

固定式灯架是明清时期室内的主要照明用具，式样繁多，造型优美，亭亭玉立

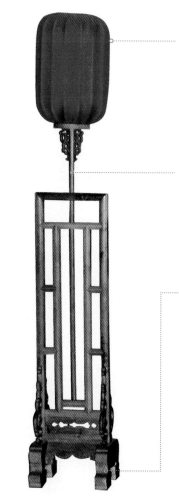

灯罩
灯架上的灯罩多用竹或木
材制成架子，外面糊丝织
物，用以聚光、防风雨

灯杆
圆形灯杆插入底座横梁上
的圆孔内，孔旁有木榫，下
端和活动横木相连，灯杆
和横木能顺着底座内的槽
口上下升降，升降的高度
由木榫固定

底座
此底座呈屏框式，带有亮脚的木墩用
横枨连起。木墩上有立柱，两根立柱
和横枨相接成屏框式底座，中间攒接
有短木料，牢固坚实。屏框内有一短
小的横木两头作榫，插入屏框里侧的
槽口，榫头沿着槽口能上下升降

升降式灯架（清）

双喜悬挂宫灯（清）

　　悬挂式灯架上悬挂的灯具叫作"宫
灯"，形制较大，一般悬挂在厅堂梁上，
《月漫清游图》中的悬挂式灯架　陈枚（清）　周身镶嵌画绢、流苏或玻璃

镜架

镜架是古代用来承托镜子用的架子或台子。镜架的形制多种多样，有座屏式、折叠式、宝座式三种基本造型。单独使用的镜架一般都很小巧，结构也比较简单。有一种与交椅相似的镜架很有特点，小巧而精美，称为"交椅式镜架"。

架
具

《绣枕晓镜图》中的镜架

王诜（宋）

宋代镜架有三足和四足之分。此画中一晨妆已毕的妇人正对镜沉思。用来承托镜子的镜架为四足镜架，上端为花页及雕饰，下为方框托着镜框，底部有花瓣形小足，造型别致，做工精美

《妆靓仕女图》中的镜架

苏汉臣（宋）

161

《女史箴图》中的镜架　顾恺之（东晋）

汉代以前的镜子一般放在镜盒中。魏晋南北朝以后，随着高型家具的出现，出现了较高的镜架

屏式穿衣镜（民国）

屏式穿衣镜出现在清代中期。广州从外国进口大尺寸镀水银厚玻璃砖，安装在座屏中成为穿衣镜，是清代的一种新式家具。镀水银玻璃镜在当时是珍稀名贵之物，只有宫廷王府才用得起。雍正年间，还生产了一种名为"半出腿"的屏式穿衣镜。为了节省空间，将位于屏后的"半出腿"省略了，只保留了前面的"半出腿"。现存故宫养心殿西过道门内的穿衣镜为大臣觐见皇帝时整肃仪容之用

《红楼梦图咏·麝月》中的镜架　改琦（清）

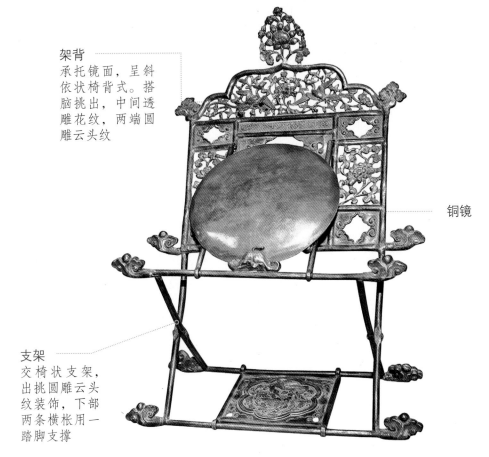

架背
承托镜面，呈斜依状椅背式。搭脑挑出，中间透雕花纹，两端圆雕云头纹

铜镜

支架
交椅状支架，出挑圆雕云头纹装饰，下部两条横枨用一踏脚支撑

铜镜和银镜架（元）

黄花梨木折叠式镜台（明）

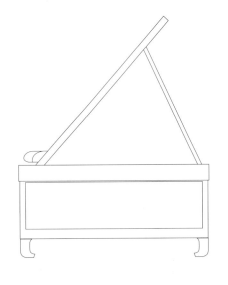

折叠式镜台侧面示意图

163

龙凤纹

龙凤纹又叫"龙凤呈祥"。古代，龙飞凤舞的图形是一种有喜庆色彩的吉兆纹。多用于宫廷家具上，象征皇帝和皇后的和谐。民间家具上的龙凤纹，龙为草龙，凤为草凤，与宫廷所用龙凤纹不同，多用来贺新婚或祝颂夫妇和美

玻璃紫檀木五屏式镜台（清）

木制五屏式镜台和宝座式镜台出现在明清时期，制作工艺精湛，外形秀美。此镜台的每屏上横梁两端均挑出，雕饰花纹。镜台平面光洁，四周设有围栏。下部有对门开矮柜，可存放物品，柜门上饰有精致的铜饰件

卧女长方足镜架（宋）

梳妆台（近代）

梳妆台（近代）

镜架折叠合并后的梳妆台。近
代梳妆台的镜架与桌面贴合，合并
后可作为书桌使用

参考资料：

1. 于伸. 木样年华——中国古代家具. 天津：百花文艺出版社，2006

2. 史树青. 中国艺术品收藏鉴赏百科全书5——家具卷. 北京：北京出版社，2005

3. 李缙云、于炳文. 文物收藏图解辞典. 杭州：浙江人民出版社，2002

4. 王世襄. 明式家具研究. 北京：生活·读书·新知三联书店，2008

5. 张福昌. 中国民俗家具. 杭州：浙江摄影出版社，2005

6. 曹喆. 紫檀鉴赏宝典. 上海：上海科学技术出版社，2007

7. 聂菲. 中国古代家具鉴赏. 成都：四川大学出版社，2000

8. 李德喜、陈善钰. 中国古典家具. 武汉：华中理工大学出版社，1998

9. 姜维群. 民国家具的鉴赏与收藏. 天津：百花文艺出版社，2004

国粹图典

家 具